多媒体技术及应用实例教程

方其桂　主编

清华大学出版社

北　京

内 容 简 介

　　本书根据社会众多领域对多媒体技术的要求而编写。首先比较全面地介绍了多媒体技术的基础知识，然后以多媒体内容为主线，由浅入深地介绍了多媒体的获取、加工、存储、处理和集成，挑选了许多最新的和流行的相关软件，详细讲解软件的功能和操作方法，突出实例讲解，使读者在学习完成后，就能利用软件进行简单的多媒体处理和创作。

　　本书可作为高等学校"多媒体技术与应用"相关课程的教材，还可以作为各级教育部门多媒体技术的培训用书，同时也可用作中小学教师提升教育技术的自学教材。

图书在版编目(CIP)数据

　多媒体技术及应用实例教程/方其桂主编. —北京：清华大学出版社，2016(2021.7重印)
　ISBN 978-7-302-43905-9

　Ⅰ.①多…　Ⅱ.①方…　Ⅲ.①多媒体技术—教材　Ⅳ.①TP37

　中国版本图书馆 CIP 数据核字(2016)第 111201 号

责任编辑：刘金喜　蔡　娟
封面设计：孔祥峰
装帧设计：牛静敏
责任校对：成凤进
责任印制：刘海龙
出版发行：清华大学出版社
　　　　　网　　　址：http://www.tup.com.cn，http://www.wqbook.com
　　　　　地　　　址：北京清华大学学研大厦 A 座　　　　　邮　　编：100084
　　　　　社 总 机：010-62770175　　　　　　　　　　　邮　　购：010-62786544
　　　　　投稿与读者服务：010-62776969，c-service@tup.tsinghua.edu.cn
　　　　　质 量 反 馈：010-62772015，zhiliang@tup.tsinghua.edu.cn
　　　　　课 件 下 载：010-62772015，zhiliang@tup.tsinghua.edu.cn
印 装 者：三河市少明印务有限公司
经　　销：全国新华书店
开　　本：185mm×260mm　　　　印　　张：19　　　　字　　数：451 千字
　　　　　(附光盘一张)
版　　次：2016 年 6 月第 1 版　　　印　　次：2021 年 7 月第 3 次印刷
定　　价：55.00 元

产品编号：065693-02

前　　言

　　信息技术是当今世界发展最快、渗透性最强、应用最广的关键技术，是推动经济增长和知识传播的重要引擎。在我国，随着国家信息化发展战略的贯彻实施，信息化建设已进入了全方位、多层次推进应用的新阶段。现在，掌握计算机技术已成为 21 世纪人才应具备的基本素质之一。今天各行各业的从业者，不管是主动的，还是被动的，都必须而且只能在工作和学习中广泛而深入地应用信息技术，才能适应时代的发展。

　　二十一世纪是知识与信息的社会，是知识经济的时代。多媒体技术已经渗入到知识经济的众多领域，逐渐成为众多领域的必备知识。近年来，随着多媒体计算机、多媒体软件和数据技术的不断发展，多媒体应用技术已经进入社会生活的各个方面：教学、网络、视频会议、产品开发、展览展示、影视制作、广告动画、电脑游戏开发等。多媒体技术无处不在。多媒体不再局限于音频、图像和视频技术，还包含了动画和网络多媒体等内容。多媒体的存储、创作与加工也都随着科学技术的进步而更新。本书面向大众使用多媒体的需求，介绍多媒体各相关部分的内容和网络多媒体技术，以及与多媒体相关的存储、集成与创作等其他问题。

　　多媒体技术知识分支繁多，考虑到学习的实际状况，我们编写了本书，内容涵盖多媒体音频、图像、视频、动画和网络多媒体技术，还加入了多媒体存储、集成与创作技术，极大地满足了不同领域的需求，帮助读者轻松学习。

　　本书以培养多媒体应用开发人才为目的，结合作者多年来在多媒体应用开发方面的经验来讲解多媒体的创作。本书具有如下特色。

> ➢ 以线带面，纵横兼顾：虽然本书所涉及的多媒体技术的面比较宽，但总是以创作实用的多媒体作品为主线，从规划分析着手，使用各种计算机的多媒体硬件和软件，对案例作品所需的各种媒体素材进行采集、编辑和创作，最后集成多媒体作品。每个实例都通过"跟我学"来实现轻松学习和掌握，其中包括多个"阶段框"，将任务进一步细化成若干个小任务，降低了阅读和理解的难度。还设置了"创新园"模块，使读者对所学知识加以巩固提高。

> ➢ 应用实践，贴心提示：根据学习者的需要，注重基础、实践和提高相结合，循序渐进地介绍了各种多媒体处理软件及硬件的基础操作与功能。对读者在学习过程中可能会遇到的疑问以"小贴士"和"知识库"的形式进行了说明，以免读者在学习过程中走弯路。

> ➢ 培养意识，立足前沿：本书按照多媒体产品的要求，明确各个阶段的工作、任务和采用的方法，让读者更贴近实际，从而培养多媒体产品的开发习惯。本书介绍的各种多媒体应用软件，都是多媒体应用领域比较流行的、较新的版本。

> ➢ 内容实用：本书所有实例均选自现行热门的多媒体内容，结构编排合理。每章节还设置了"知识窗"模块，使读者对所学知识有更广的了解。

> ➤ 图文并茂：在介绍具体操作步骤的过程中，语言简洁，基本上每一个步骤都配有对应的插图，用图文来分解复杂的步骤。路径式图示引导，便于在翻阅图书的同时上机操作。

本书由方其桂担任主编并统稿，张小龙、王军担任副主编并策划，由范德生(第 1 章)、王军(第 2 章)、何立松(第 3 章)、周本阔(第 4 章)、梁祥(第 5 章)、汪华(第 6 章)、张小龙(第 7 章)、周木祥(第 8 章)等人编写，随书光盘由方其桂整理制作。参加本书编写的还有江浩、陈晓虎、赵家春、唐小华、张青、梁辉、赵青松、陈金龙、夏兰等。

虽然我们有着十多年撰写计算机图书的经验，并尽力认真构思验证和反复审核修改，但仍难免有一些瑕疵。我们深知一本图书的好坏，需要广大读者去检验评说，在此我们衷心希望您对本书提出宝贵的意见和建议。读者在学习使用过程中，对同样实例的制作，可能会有更好的制作方法，也可能对书中某些实例的制作方法的科学性和实用性提出质疑，敬请读者批评指导。我们的电子邮箱为 ahjks2010@163.com，服务网站为 http://www.ahjks.cn/。为便于读者与编者之间的联系和沟通，我们还建立了读者交流 QQ 群：220852959，读者可申请加入该群。

本书 PPT 课件可通过 http://www.tupwk.com.cn 的"下载页面"下载。

服务邮箱：wkservice@vip.163.com。

方其桂

2015 年秋

目　　录

第 1 章

多媒体技术概述

自 20 世纪 80 年代以来，多媒体技术的出现给传统的计算机领域带来了巨大的变化，其应用已普及社会生活的各个领域。当你打开电视机、翻开报纸和杂志、上网浏览信息时，都会发现大量有关多媒体技术的介绍，各种各样的多媒体产品被不断地运用于生活、文化娱乐和社会实践中。了解多媒体技术，学习它的使用方法，已经成为大学生必须掌握的一项基本技能。

本章内容:

- 多媒体技术的相关概念
- 多媒体技术的应用与发展
- 多媒体计算机系统

1.1　多媒体技术的相关概念

多媒体技术是计算机技术和社会需求相结合的产物，随着计算机技术和其他各方面技术的相互渗透，多媒体技术得到了相应的发展。

1.1.1　媒体的分类

"媒体"一词源于英文 Medium，它是人们用于传播和表示各种信息的手段。媒体在计算机领域中有两种含义：其一是指传播信息的载体，如文字、图像、动画、音频、视频等；其二是指存储信息的载体，如磁盘、光盘、U 盘、半导体存储器等。多媒体技术中的媒体是指前者。

从计算机处理信息的角度可将媒体分为五种基本类型，即感觉媒体、表示媒体、表现媒体、存储媒体和传输媒体。

1．感觉媒体

感觉媒体指能够直接作用于人的感官，使人直接产生感觉的媒体。目前，人们主要通过视觉和听觉来感知信息。例如人类的语言、音乐、声音、图形、图像和视频等。

2．表示媒体

表示媒体是为加工、处理和传输感觉媒体而人为研究设计出来的一种媒体。其目的是为了更有效地加工、处理和传输感觉媒体。表示媒体包括各种编码方式，如文本编码、语言编码、条形码和图像编码等，表示媒体在计算机中的表现方式为不同类型的文件。

3．表现媒体

表现媒体是指用于输出和输入信息的工具和设备。它又分为两种，一种是输入表现媒体，如键盘、话筒、数码相机、扫描仪、写字板等；另一种是输出表现媒体，如显示器、打印机、音箱等。

4．存储媒体

存储媒体是指用来存放媒体的计算机存储设备，如光盘、硬盘、U 盘等。

5．传输媒体

传输媒体是通信中的信息载体，如光纤、双绞线、同轴电缆等。

1.1.2　多媒体及多媒体技术

多媒体是指组合两种或两种以上媒体的一种信息交流和传播媒体，它不仅是多种媒体的有机集成，而且包含处理和应用它的一整套技术，即多媒体技术。

1．多媒体技术的特征

人们现在普遍认为，多媒体技术就是利用计算机把文字、图像、动画、音频、视频等媒体信息都数字化，并将其整合在一定的交互式界面上，使计算机具有交互展示不同媒体形态的技术。如在多媒体电子地图里，集成了文字、图像、动画、音频和视频等媒体，可以提供公交路线查询、驾驶导航、位置共享等功能，如图 1-1 所示。

图 1-1　多媒体电子地图

多媒体技术具有四个显著特征。

（1）多样性

早期的计算机只能处理包含数值、文字以及经过特殊处理的图形或图像等单一的信息媒体，而多媒体计算机则可以综合处理文本、图形、图像、动画、音频和视频等多种形式的信息媒体，它不仅改变了计算机处理信息的单一模式，也使人们可以快速交互地处理各种信息的混合体。

（2）集成性

多媒体技术可以说是包含了当今计算机领域内最新的硬件和软件技术，它将不同性质的媒体和设备集成为一个整体，并以计算机为中心综合地处理各种信息。

各种类型的信息媒体在计算机内不是孤立、分散的，而是互相关联，这种关联并不是简单的罗列叠加，而是需要对信息进行各种重组、变换和加工，把它们集成为一个新的应用系统。

（3）交互性

交互性就是指用户与计算机之间的信息双向处理，这是多媒体应用区别于传统信息交流媒体的主要特点之一。传统的信息交流媒体(如报刊、电影等)只能单向地、被动地传输信息；而多媒体技术的交互性指人通过计算机系统进行信息的加工、处理和控制，通过交互与反馈，使得人们更加注意和理解信息，增加了人们的参与积极性，同时增强了有效控制和使用信息的手段。

（4）实时性

实时性是指在多媒体系统中声音和视频图像是实时的，多媒体技术需要提供对这些与时间密切相关的媒体进行快速处理的能力。如在制作开学典礼的视频时，视频里的声音和图像都应尽量避免延时、停断或断续，否则便会出现"嘴未张开，声音已出来"或说话的人变成"口吃"等现象，视频所要表达的内容就可能出现歧义或根本就没有意义。

2. 多媒体的核心技术

多媒体技术研究内容主要包括感觉媒体的表示技术、数据压缩技术、多媒体数据存储技术、多媒体数据传输技术、多媒体计算机及外围设备、多媒体系统软件平台等。尽管多媒体技术涉及的范围很广，但多媒体的核心技术可归纳如下。

(1) 多媒体压缩技术

在多媒体计算机系统中，为了达到令人满意的图像、视频画面质量和听觉效果，必须解决视频、图像、音频信号数据的大容量存储和实时传输问题。解决的方法，除了提高计算机本身的性能及通信信道的带宽外，更重要的是对多媒体进行有效的压缩。

数据的压缩实际上是一个编码过程，即把原始的数据进行编码压缩。数据的解压缩是数据压缩的逆过程，即把压缩的编码还原为原始数据。因此数据压缩方法也称为编码方法。根据解码后数据与原始数据是否完全一致进行分类，压缩方法可分为有失真编码和无失真编码两类。

(2) 多媒体存储技术

随着多媒体与计算机技术的发展，多媒体数据量越来越大，对存储设备的要求也越来越高。因此，具备高效快速的存储设备是多媒体技术得以应用的基本条件之一。目前流行的 U 盘、光盘和移动硬盘，主要用于保存和转移多媒体数据文件。

(3) 多媒体数据库技术

传统数据库的模型主要针对整数、实数、定长字符等规范数据，而多媒体数据库是数据库技术与多媒体技术结合的产物。多媒体数据库不是对现有的数据进行界面上的包装，而是从多媒体数据与信息本身的特性出发，考虑将其引入数据库中之后而带来的有关问题。

(4) 超文本与超媒体技术

超文本这个概念最早是由美国的 **Ted Nelson** 在 20 世纪 60 年代提出的，超文本是对信息进行表示和管理的一种方法，类似人的联想记忆方式，采用一种非线性网状结构组织信息。超媒体技术是超文本与多媒体技术的结合，它以超文本的非线性结构为基础，对各种类型的多媒体数据信息，如文本、图片、声音、图像以及动画等，进行有效的处理和管理。

(5) 多媒体信息检索技术

多媒体信息检索是指根据用户的要求，对图形、图像、文本、声音、动画等多媒体信息进行识别和获取所需信息的过程。与传统的信息检索相比，多媒体信息检索具有信息类型复杂、交互性、同步性、实时性、界面友好、操作简单等特性。在这一检索过程中，它主要以图像处理、模式识别、计算机视觉和图像理解等学科中的一些方法为基础技术，结合多媒体技术发展而成。

(6) 人机交互技术

人机交互技术是指通过计算机输入、输出设备，以有效的方式实现人与计算机对话的技术。它包括计算机通过输出或显示设备给人提供大量有关信息，人根据相关提示要求将信息反馈给计算机。人机交互技术是计算机用户界面设计中的重要内容之一，它与认知学、人机工程学、心理学等学科领域有密切的联系。人与计算机之间的信息交流有四种不同的形式，即人—人(通过计算机)、人—机、机—人和机—机。

(7) 多媒体通信技术

多媒体通信技术是多媒体技术与通信技术的有机结合，突破了计算机、通信、网络等传统产业间相对独立发展的界限，是计算机、通信和网络领域的一次革命。它在计算机的统一控制下，对多媒体信息进行采集、处理、表示、存储和传输，大大缩短了计算机、网络之间的距离，将计算机的交互性、网络通信的分布性和电视的真实性完美地结合在一起，为人们提供更加高效、快捷的沟通途径和服务，如提供网络视频会议、视频点播、网络游戏等新型的服务。

1.1.3　多媒体技术的研究对象

多媒体技术可以处理文本、图形、图像、声音、动画和视频等各种媒体，使得各种媒体信息建立逻辑联系，集成为一个系统并具有交互性和实时性。

1. 文本

在计算机中，最常使用的媒体元素是文本，文本包含字母、数字、字、词语等基本元素。文本处理，就是进行文本类稿件的输入、编辑、排版和发布可以借助文字编辑处理软件，如"记事本"、Word、WPS 等进行。文本文档在计算机中的存储格式有 txt、doc、wps、html、pdf 等。

2. 图像

图像即位图图像，它是由像素构成的，是对客观事物的一种相似性、生动性的描述或写真，是人类生活中最常用的媒体信息。一般而言，利用数码相机、扫描仪等输入设备获取的实际景物的图片都是图像。位图图像的像素之间没有内在联系，而且它的分辨率是固定的，如果在屏幕上对它们进行放大或低分辨率打印时，将丢失其中的细节并会出现锯齿状，如图 1-2 所示。图像的分辨率和表示颜色及亮度的位数越高，图像质量就越高，但图像存储空间也越大。图像文件在计算机中的存储格式有 jpg、bmp、tif 等。

放大 10 倍

放大后锯齿状

图 1-2　图像放大前后

3．图形

图形即矢量图，是图像的抽象表现，它反映图像上的关键特征，如直线、圆、弧线、矩形和图表等的大小和形状，也可以用更为复杂的形式表示图形中的光照、材质等特征。图形可以被任意移动、缩放、旋转和弯曲，清晰度不会发生改变，图 1-3 所示为图形放大前后的对比。图形一般用计算机绘制而成，著名的绘图软件有 CorelDRAW 和 AutoCAD 等，矢量图形文件存储格式有 3ds(用于 3D 造型)、dxf(用于 CAD)、wmf(用于桌面出版)等。

图 1-3　图形放大前后

4．声音

声音属于听觉媒体，它有音效、语音和音乐三种形式，它的频率在 20～20000Hz 范围内连续变化。音效是指声音的特殊效果，如下雨声、风声、动物叫声、铃声等，它可以在自然界中录制，也可以采用特殊方法人工模拟制作；语音是指人们讲话的声音；音乐是一种最常见的声音形式，是能够让人产生共鸣效果的声频。声音的编辑与处理软件有GoldWave、Sound Forge、CoolEdit 等，声音文件存储格式有 wav、mp3、wma 等。

5．动画

动画是通过人工或计算机绘制出来的一系列彼此有差别的单个画面，通过一定速度的播放可达到画中图像连续变化的效果。目前，计算机动画不仅包含了基于传统动画方式的二维平面动画，而且还有高质量、立体感强、效果好的三维动画。著名的动画软件有 Flash、Ulead GIF Animator、Autodesk Animator Studio 等，动画文件存储格式有 swf、gif、flc 等。

6．视频

视频是由连续的画面组成动态图像的一种方式，其中的每一幅图像称为一帧(frame)，随视频同时播放的数字化声音简称为"伴音"。当图像以每秒 24 帧以上的速度播放时，由于人眼的视觉暂留因素，我们看到的就是连续的视频。视频由一系列的位图图像组成，其文件的格式与单帧文件格式有关，还与帧与帧之间的组织方式有关，它的数据量比较大，一般都要进行数据压缩后再保存与传输。视频的编辑与处理软件有"会声会影"、Adobe Premiere 等，视频文件存储格式有 avi、mpg、mov 等。

动画和视频都建立在活动帧的理论基础上，但对帧的速率的要求有所不同。动画没有任何帧播放速率的限制要求，但 PAL 制式的视频通常标准速率为 25 帧/秒，NTSC 制式通常速率为 30 帧/秒。

在一个多媒体作品或应用软件里，都会包含以上媒体要素。如近年来，教师在教学中使用的多媒体微课(如图 1-4 所示)，能够有效地提升教学效率。

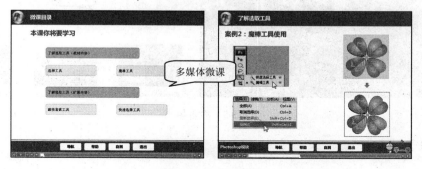

图 1-4　多媒体微课

1.2　多媒体技术的应用与发展

科学技术的飞速发展使信息社会产生了日新月异的变化，人类许多古老的梦想正逐渐变为现实。多媒体技术是当今信息技术领域发展最快、最活跃的技术，是新一代电子技术发展和竞争的焦点。

1.2.1　多媒体技术应用领域

多媒体技术借助日益普及的高速信息网络，可实现计算机的全球联网和信息资源共享，因此被广泛应用在咨询服务、图书、教育、通信、军事、金融、医疗等诸多领域，并正潜移默化地改变着我们的生活。

1.　教育培训

多媒体技术最有前途的应用领域之一就是教育培训。利用多媒体计算机的文本、图像、视频、音频和其交互式的特点，可以编制出多媒体计算机课件。课件能根据学生的水平采取不同的教学方案，根据反馈信息为学生提供及时的教学指导，创造出生动逼真的教学环境，实现不受时间限制的个性化学习，如图 1-5 左图所示。

近年涌现出来的网校是一种新的网络教学形式，集课堂教学与网络技术于一体，学生可以利用网校提供的多媒体教学平台和全国的名师"面对面"，并和网校同学进行实时交流，遇到学习问题，也可以及时得到解决。"慕课"也是最近涌现出来的一种网络在线课程开发模式，它基于过去的发布资源和学习管理系统，是将学习管理系统与更多的开放网络资源综合起来的新的课程开发模式，如图 1-5 右图所示。

图 1-5　教育培训

2．电子出版物

多媒体电子出版物是计算机、视频、通信、多媒体等高技术与现代出版业相结合的产物，是以电子数据的形式，把文字、图像、影像、声音等储存在光盘、网络等非纸张载体上，并通过电脑或网络来播放供人们阅读的出版物，如图 1-6 所示。它是一种顺应时代潮流的"绿色出版物"，与传统印刷品出版物相比，有如下优越性：①大大降低了出版物的成本，缩短了出版周期，增强了出版的时效性；②长久保存，存储信息量大；③检索便捷，交互式结构可实现读者的参与，超链接设置可拓展读者视野，可实现按需打印。

图 1-6　电子出版物

3．娱乐游戏

随着多媒体技术的日益成熟，多媒体技术已经大量进入娱乐游戏领域。如人们利用多媒体计算机制作出工作或生活中的电子相册或视频，供他人欣赏或作为美好的回忆。网络电视(如图 1-7 左图所示)，以宽带网络为载体，通过电视服务器的供应商将传统的卫星电视节目经重新编码成流媒体的形式，再经网络传输给用户，使用户可以回看电视节目或观看服务器里的电影，改变了以往被动的电视观看模式，节目内容不受时间、空间限制，且覆盖范围广泛，传播迅速，成为现代人追捧的对象；网络游戏，又称"在线游戏"(如图 1-7

右图所示)，以互联网为传输媒介，以游戏运营商服务器和用户计算机为处理终端，以游戏客户端软件为信息交互窗口，它不但具有很强的交互性，而且人物造型逼真，使人有身临其境的感觉。

图 1-7　娱乐游戏

4. 商业应用

在商业自动化发展的大潮中，多媒体计算机技术作为一种新兴的信息处理系统显示出了自己的特色，在网上购物、商场导购系统和计算机辅助设计等有关领域起到了重要作用。

(1) 网上购物

由于网络购物可以足不出户就购买到所需商品，因而极大地节省了购物时间，简化了由生产商至零售商的中间环节，节省了购物成本，而且网络上商品信息更新快，网络商店中基本都具有店内商品的分类、搜索功能，通过搜索，购买者可以很方便地找到需要的商品，如图 1-8 左图所示。如当当网、淘宝网、拍拍网、美团网等都是知名的电子商务交易平台。

(2) 商场导购系统

商场导购系统是一个安装在大型商场中的高科技互动体验展示系统，通过对视频、音频、3D 模型、图片、文字等媒体加以组合，深度挖掘产品所蕴含的背景、意义、性能、结构、外观，集导购、宣传、资讯、娱乐、留言等多种功能为一体。若顾客有问题可以利用电子触摸屏向计算机查询，给人们带来一种创新的互动体验式购物生活。导购系统在商场、商家与顾客之间架设起一条新颖、生动、实用和高效的直接沟通桥梁。

(3) 计算机辅助设计

在装饰行业，客户可以将自己的要求告诉装饰公司，装饰公司利用多媒体技术设计出装饰图，供客户欣赏，如不满意可以重新修改调整，直至满意为止，避免了浪费和不必要的劳动，如图 1-8 右图所示；在产品设计方面，可利用多媒体技术设计一个三维动画、效果逼真的产品设计图，客户满意后再批量生产。设计人员一般从草图开始设计，将草图变为工作图的繁重工作可以交给计算机完成。利用计算机对图形的编辑、放大、缩小、平移和旋转等易操作性，使设计过程变得简单、快捷。近年来出现的智能技术，使计算机辅助设计系统的功能大为增强，设计过程更趋自动化。目前，计算机辅助设计已在建筑设计、产品设计、科学研究、机械设计、软件开发、工厂自动化等各个领域得到广泛应用。

图 1-8　商业应用

5．网络通信

多媒体网络通信实现图像、语音、动画和视频等多种媒体信息的实时传输，其应用系统主要包括远程医疗、多媒体会议系统、视频点播系统等方面，如图 1-9 所示。

（1）远程医疗

多媒体远程医疗是指将通信与多媒体计算机技术同医疗技术相结合，充分发挥大医院或专科医疗中心的专业医疗技术和医疗设备优势，对医疗条件比较差的偏远地区的病人进行远程咨询、诊断和治疗，旨在提高诊断与医疗技术、降低医疗支出、满足病人需求的一项全新的医疗服务。这样不仅为危重病人赢得了宝贵的时间，同时也使专家节约了大量时间。目前，远程医疗已经从最初的电视监护、电话远程诊断发展到利用高速网络进行图像、语音和视频的综合传输，并且实现了实时的语音和高清晰视频的交流，为现代医学的应用提供了更广阔的发展空间。

（2）多媒体会议系统

多媒体会议系统是一种让身处异地的人们通过某种传输介质实现"实时、可视、交互"的多媒体通信技术。在网上的不同会场，都可以通过窗口建立共享的工作空间，互相通报和传递会议信息，还可以共享文本、动画、声音和视频等文件，增强双方对会议内容的理解能力，使人们犹如身临其境参加在同一会场中的会议一样。

（3）视频点播系统

视频点播系统是 20 世纪 90 年代在国外发展起来的，它根据用户的要求，把用户所选择的视频内容传输给所请求的用户。它是计算机技术、网络通信技术、多媒体技术、电视技术和数字压缩技术等多领域融合的产物，主要由片源库系统、流媒体服务系统、传输及交换网络、用户终端设备机顶盒和电视机或个人计算机组成。

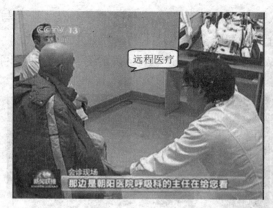

图 1-9　网络通信

1.2.2　多媒体技术发展前景

到目前为止,声音、视频、图像压缩方面的多媒体基础技术已逐步成熟,并形成了许多优秀产品进入市场。现在热门的技术如模式识别、压缩技术、虚拟现实技术正在逐步走向成熟,而伴随着社会信息化步伐的加快,特别是近年来兴起的全球范围"信息高速公路"热潮的推动,多媒体的发展和应用前景将更加广阔。

1. 流媒体技术

流媒体是从英语 Streaming Media 翻译过来的,流媒体技术就是把连续的影像和声音信息经过压缩处理分成一个个压缩包,然后放到视频网站服务器,让用户一边下载一边观看、收听,而不需要等整个压缩文件下载到自己计算机后才可以观看的网络传输技术,如图 1-10 所示。流媒体技术对用户计算机系统缓存容量的需求大大降低,采用 RTSP 等实时传输协议,更加适应动画、视音频在网上的流式实时传输。

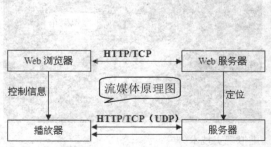

图 1-10　流媒体技术

2. 智能多媒体技术

智能多媒体技术是一种智能化的高级技术,它是用机械和电子装置来模拟和代替人类的某些智能。多媒体技术的进一步发展迫切需要引入人工智能,要利用多媒体技术解决计算机在视觉和听觉方面的问题，就必须引入人工智能的概念、方法和技术。多媒体技术与人工智能的结合，必将把两者推向一个新的阶段。智能多媒体技术的应用领域十分广泛，包括问题求解、模式识别、自然语言理解、智能检索、机器证明、专家系统、人工神经网络、自动程序设计等，如图 1-11 所示。

图 1-11　智能技术

3．虚拟现实技术

虚拟现实(Virtual Reality，VR)是伴随多媒体技术发展起来的计算机新技术，它通过综合应用多媒体计算机的图像处理、模拟与仿真、传感、显示系统等技术和设备，以模拟仿真的方式，通过特殊的输入输出设备提供给用户一个与该虚拟世界相互作用的三维交互式用户界面，用户有漫游和操纵环境的物体感觉，如图 1-12 所示。虚拟现实技术始于军事和航空航天领域的需求，近年来已经被广泛应用于模拟汽车、飞机驾驶、工业建筑设计、医学、教育培训、文化娱乐等方面，也是今后若干年十分活跃的技术。

图 1-12　虚拟现实技术

1.3　多媒体计算机系统

多媒体计算机是具有多媒体处理功能的个人计算机，改善了人机交互的接口，使计算机具有多媒体信息处理能力。多媒体计算机与一般的个人计算机并无太大差别，只不过是多了一些软硬件配置。多媒体计算机系统由多媒体硬件系统和多媒体软件系统组成。

1.3.1　多媒体计算机硬件

多媒体计算机硬件系统是在计算机系统基础上进行的多媒体扩展，以适应多媒体信息处理的功能需要，主要包括计算机传统硬件设备、音频设备、图像设备、视频设备、存储设备等。

1．音频设备

音频设备包括声卡、麦克风、耳机、音箱等，为多媒体计算机解决声音输入、输出和数字化处理提供硬件支持。其中声卡把来自麦克风、光盘的原始声音信号加以转换，输出到耳机、音箱等输出设备，或通过音乐设备的数字接口(MIDI)使乐器发出美妙的声音。

2．图像设备

图像设备包括显卡、显示器、扫描仪、打印机等，其中显卡是主机与显示器之间连接的“桥梁”，控制电脑的图形输出，负责将中央处理器传送来的图像数据处理成显示器认识的格式，最后送到显示器形成图像。

3．视频设备

视频设备包括视频卡、摄像机、录像机等。视频卡通过插入主板插槽与主机相连，通过卡上的输入/输出端口与录像机、摄像机等相连接，采集这些设备的模拟信号，并转换成数字化视频信息，进行存储和播放。很多视频卡能在捕捉视频信息的同时获得伴音，使音频部分和视频部分在进行数字化时同步保存、同步播放。

4．存储设备

多媒体信息的数据量庞大，仅靠硬盘存储是不够的，有时候还需要将多媒体数据进行移动，这就需要方便移动的存储介质。常见的移动存储介质包括光盘、U 盘、移动硬盘等。光盘的写入需要刻录机，而 U 盘、移动硬盘可以直接插入主机的 USB 接口进行读取和写入操作。

5．常见的多媒体硬件设备

下面介绍几种常见的多媒体硬件设备，如图 1-13 所示。

图 1-13　常见的多媒体硬件设备

(1) 数码相机

数码相机是一种利用电子传感器把光学影像转换成电子数据的照相机。数码相机使用光敏元件作为成像器件，将图像中的光学信息转化为数字信号，在图像传输到计算机之前，通常会先储存在数码存储卡中，然后再导入计算机进行处理加工。数码相机拍照之后可以立即看到图片，从而提供了对不满意的作品立刻重拍的可能性，减少了遗憾的发生。

(2) 数码摄像机

数码摄像机通过感光器件将光信号转变成电信号，再将模拟电信号转变成数字信号，由专门的芯片进行处理和加工后，得到的信息还原出来就是我们看到的动态视频。数码摄像机拍摄的是数字化的动态视频，可以直接通过计算机的 I/O 接口(如 USB 接口)输入计算机中，而不需要经过视频采集卡的加工处理。

(3) 扫描仪

扫描仪是一种高精度的光电一体化的高科技产品，可以将文字或图片用扫描的方式经数字化后输入计算机的设备。它由光源、光学镜头、光敏元件、机械移动部件和电子逻辑部件组成。扫描仪工作时发出的强光照射在被扫描纸张或图片上，没有被吸收的光线将被反射到光学感应器上，感应器接收到这些信号后，将这些信号传送到电子转换器，再由转换器将其转换成计算机能识别的信息，然后配合相应的应用软件转换成计算机能够加工和处理的图像或文字。

(4) 打印机

打印机是一种输出设备，用于将计算机上的图像或文字打印在相关介质上。打印机的种类很多，按所采用的技术分为柱形、喷墨式、热敏式、激光式、静电式、磁式、发光二极管式等。目前出现的 3D 打印机，可以通过逐层打印的方式来构造物体，打印出任何复杂形状的设计，如图 1-14 所示。

图 1-14　3D 打印机

(5) 投影机

投影机被广泛用于教学、会议、广告展示和旅游等领域。投影机能把不同的信号源(如手机、计算机、DVD 等)，通过成像技术将图像或视频投影到大屏幕上，实现展示播放。按照结构原理分，主要有 CRT(阴极射线管)投影机、DLP(数字光处理)投影机、LCD(液晶)投影机；按使用方式分，主要有台式投影机、便携投影机、落地投影机。

(6) U 盘

U 盘是一种可移动的存储设备，用于备份数据。它的特点是便于携带、存储容量大、价格便宜。一般的 U 盘容量有 16GB、32GB、64GB、128GB、256GB、512GB 等。在使用时，不要在 U 盘的指示灯闪烁时拔出 U 盘，这样可能会造成 U 盘芯片硬件损坏、数据的丢失；不要长时间将 U 盘插在 USB 接口上，容易引起接口老化。

1.3.2　多媒体计算机软件

有了多媒体硬件设备，要制作出图文并茂的多媒体作品，还需要多媒体计算机软件的支持。多媒体计算机软件系统主要有多媒体操作系统、多媒体创作软件和多媒体应用系统三部分。

1. 多媒体操作系统

多媒体操作系统是多媒体软件的核心，主要负责多媒体环境下多种任务之间的实时调度和管理，同时提供多媒体各种软件的执行环境以及创作环境等。Windows XP、Windows 7、Windows 8、Windows 10 就是目前被广泛应用的多媒体操作系统。

2. 多媒体创作软件

多媒体创作软件大大简化了多媒体作品的开发制作过程，可以帮助创作人员更好地使用多媒体计算机，开发出自己的多媒体应用系统。一个优秀的多媒体创作软件一般具有良好的用户设计界面、快捷的多媒体素材导入、活动画面的制作、超级链接、保存与打包，以及简单易用等特点。目前广泛流行的多媒体创作软件有 PowerPoint、Visual Basic、

Authorware、Flash 等。

(1) PowerPoint

PowerPoint 是一种用于制作演示文稿的多媒体幻灯片软件,由一个个页面(幻灯片)组成一个完整的演示文稿。PowerPoint 可以非常方便地编辑各种文字,绘制图形,加入图像、声音、动画、视频影像等各种媒体信息,并根据需要设计各种演示效果。用户可以在投影仪或者计算机上进行演示,也可以将演示文稿打印出来,制作成胶片,以便应用到更广泛的领域中。

(2) Visual Basic

Visual Basic 是由微软公司开发的结构化、模块化、面向对象的可视化程序设计语言。它可以利用由其他独立软件公司开发的种类繁多、各式各样的控件,如设计界面、数据管理、图形图像处理、播放各类声音、动画和视频等多媒体文件的控件。由于它具有先进的设计思想、快速易掌握的使用方法及控制媒体对象手段灵活多样等特点,受到了多媒体软件开发人员的关注和青睐,也因此成为多媒体应用程序开发的理想工具。

(3) Authorware

Authorware 无须传统的计算机语言编程,通过对图标的调用来编辑一些控制程序走向的活动流程图,将文字、图形、声音、动画、视频等各种多媒体项目数据汇在一起,就可达到多媒体文件制作的目的。整个制作过程以流程图为基本依据,形象直观,且具有较强的整体感,用户通过流程图可以直接掌握和控制系统的整体结构。Authorware 共提供了 10 种系统图标和 10 种不同的交互方式,被认为是目前交互功能最强的多媒体创作工具之一。

(4) Flash

Flash 最初只是单纯的制作动画的软件,而随着软件版本的升级,特别是内置了脚本语言后,使用 Flash 可以制作出包含简单的动画、视频内容、复杂演示文稿、应用程序以及介于它们之间的任何内容。

3. 多媒体应用系统

多媒体应用系统主要是对用户而实现的应用程序和演示软件。目前多媒体应用系统涉及的领域主要有文化教育、电子出版、网站建设、咨询服务、医学、商场营销、通信和娱乐等方面。

第 2 章

音频处理技术

声音在日常生活中无处不在，如车流声、人声和自然界各种各样的声音等。在多媒体系统中声音也是经常出现的，它使得多媒体更加丰富多彩。声音是由振动产生的，通过空气传播。多媒体音频是将声音的空气振动转变为连续变化的电信号，然后对这种信号进行采样—量化—编码，以文件的形式记录下来。人们用数字磁带录音机、激光唱机和光盘为载体的 MD 录音机记录声音。现在，更多的人以计算机的硬盘作为载体记录声音，创新了声音的记录方式。如今，多媒体技术处理的声音信号范围在 20～20000Hz。

本章通过实例，介绍音频的处理与加工方法。

本章内容：
- 声音基础知识
- 声音素材采集
- 声音素材处理

2.1　声音基础知识

音调、响度和音色是声音的基本特征。声源除了发出本身纯音外，还伴有不同频率的泛音，这些泛音显示了声源物体的不同属性。多媒体系统处理的声音是人耳可听范围内的音频，这些音频被存储为不同格式的文件。

2.1.1　声音基本特征

自然界中的声音是由物体振动发生的，正在发声的物体叫做声源。物体在一秒钟之内振动的次数叫做频率，单位是赫兹(Hz)。人的耳朵可以听到 20～20000Hz 的声音。

1．音调

音调是声音的主观属性之一，由物体振动的频率决定，同时也与声音的强度相关。同一强度的纯音，音调随频率的升降而升降；而一定频率的纯音、低频纯音的音调随声强增加而下降，高频纯音的音调却随强度增加而上升，效果如图 2-1 所示。

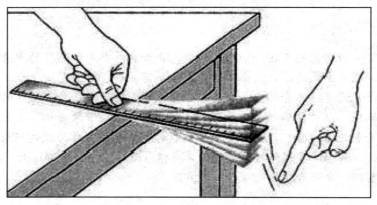

图 2-1　音调示意图

音调的高低还与发声体的结构有关，因为发声体的结构影响了声音的频率。大体上，2000Hz 以下的低频纯音的音调随响度的增加而下降，3000Hz 以上高频纯音的音调随响度增加而上升。

2．响度

响度就是指声音的强弱，又称音量。它与声音振动的力度及传播的距离相关，声源振动的力度越大，响度越大，声音传播的距离越远。图 2-2 所示为频响曲线图。

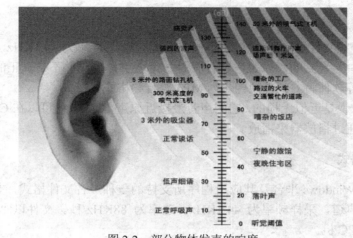

图 2-2　部分物体发声的响度

响度的大小取决于音强、音高、音色、音长等条件。如果其他条件相同，元音听起来比辅音响；元音大小又与开口度大小相关，开口度大的元音更响。而辅音中，浊音比清音响，送气音比不送气音响。

3. 音色

音色是声音的特色，不同的发声物体所发出的声音具有不同的音色。从声音的波形图上可以看出它们各不相同，各具特色，图 2-3 所示为不同乐器发声的波形图。

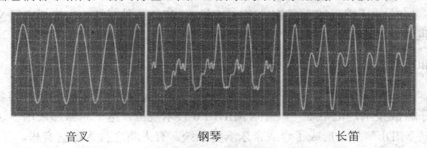

音叉　　　　　　　　钢琴　　　　　　　　长笛

图 2-3　不同乐器发声的波形图

音色的不同取决于不同的泛音，每一种乐器、不同的人以及所有能发声的物体发出的声音，除了一个基音外，还有许多不同频率的泛音伴随，正是这些泛音决定了其不同的音色，使人能辨别出是不同的乐器或不同的人发出的声音。

2.1.2　声音文件格式

数字音频的编码方式就是数字音频格式，不同的数字音频设备一般都对应着不同的音频文件格式。常见的音频格式有 CD 格式、WAVE 格式、MP3 格式、MIDI 格式、WMA 格式和 Real Audio 格式等。

1．CD 格式

CD 格式的音频文件是音质比较高的一种音频格式，采样率为 44.1KHz，速率为 88KHz/秒。在 CD 光盘中，看到的"*.cda"文件只是一个索引信息，并不是真正的声音信息，可以通过格式工厂等软件将 CD 音频转化为 MP3 等音频格式。

CD 音轨可以说是近似无损的，它的声音最接近原声。CD 光盘可以在 CD 唱机中播放，也可以在电脑里通过播放器来播放。

2．WAVE 格式

WAVE 是被 Windows 平台及其应用程序所支持的一种声音文件格式，支持多种音频位数、采样频率和声道，采样频率为 44.1KHz，速率为 88KHz/秒。文件以"*.wav"为后缀名，广泛流行于 PC 机。

WAVE 文件由三部分组成：文件头、数字化参数和实际波形数据。一般来说，声音质量与其 WAVE 格式的文件大小成正比。WAVE 文件的特点是易于生成和编辑，但不适用于网络播放。

3．MP3 格式

MP3 是一种音频压缩技术，它利用 MPEG Audio Layer 3 的技术，将音乐以 1:10 甚至 1:12 的压缩率，压缩成较小的文件，还非常好地保持了原来的音质。

MP3 是 MPEG-1 标准音频的层III。依据编码的复杂性及编码效率分为三层：层 I、层 II、层III。MP3 的压缩码结合了 MUSICAM 和 ASPEC 两种算法，大大提高了文件的压缩率，同时也保证了音频的品质。

4．MIDI 格式

MIDI 原指"数字化乐器接口"，是一个供不同设备进行信号传输的接口的名称。由于早期的电子合成技术规范不统一，直到 MIDI 1.0 技术规范，电子乐器都采用了这个统一的规范来传达 MIDI 信息，形成了合成音乐演奏系统。有人将之称为电脑音乐。

MIDI 文件与 WAVE 文件不同，属于非波形声音文件，存储的是指令而不是数据。MIDI 文件的格式从 IEF 格式而来，有着复杂的定义，还存在着特殊的编码规则。MIDI 文件由两种区块构成，文件头区块 Mthd 及音轨区块 Mtrk。

5．WMA 格式

WMA 格式是以减少数据流量但保持音质的方法来达到更高压缩率的一种音频格式，其压缩比可以达到 1：18。还可以通过 DRM 方案加入防止拷贝、限制插入时间和次数等，有力地防止盗版。

WMA 格式来自于微软公司，音质强于 MP3 格式，还支持音频流技术，适合在网络上在线播放。

6．RealAudio 格式

RealAudio 是一种主要用于在低速的广域网上实时传输的音频格式，它最低时占用 14.4kbps 的网络带宽，适用于网络上在线播放。

Real 的文件格式主要有这几种：RA(RealAudio)，RM(RealMedia、RealAudio G2)，RMX(RealAudio Secured)。这些格式的特点是可以随网络带宽的不同而改变声音的质量，在保证大多数人听到流畅声音的前提下，使带宽较富裕的听众获得较好的音质。

2.1.3　声音质量指标

多媒体系统经过加工处理后的声音信号的保真度，与加工处理过程中的频带宽度、声音信号的动态范围及信噪比密切相关。

1．频带宽度

频带宽度简称为"带宽"，是传送模拟信号时的信号最高频率与最低频率之差，单位为赫兹，是为保证某种发射信息的速率和质量所需要占用的频带宽度容许值。

信号所拥有的频率范围叫做信号的频或带宽度，声音信号的大部分能量往往包含在频率较窄的一段频带中，这就是有效带宽。

2．动态范围

动态范围是指音响系统重放时最大不失真输出功率与静态时系统噪声输出功率之比的对数值，单位为分贝(dB)，一般性能较好的音响系统的动态范围在 100(dB)以上。在数字音频中，CD-DA 的动态范围约 100dB，FM 广播的动态范围约 60dB，数字电话约 50dB，AM 广播约 40dB。

3．信噪比

信噪比是指音响设备播放时，正常声音信号强度与噪声信号强度的比值。信噪比通常以 S/N 表示，单位为分贝(dB)，信噪比值越大，声音质量越好。目前 MP3 的信噪比有 60dB、65dB、85dB、90dB、95dB 等，我们在选择 MP3 的时候，一般都选择 60dB 以上的。

 知识库

1．人和一些动物的发声和听觉比较

人的听觉频率范围在 20～20000Hz 之间，那么人的发声频率范围是多少？动物的发声频率范围和听觉频率范围又是多少？表 2-1 列出了人和一些动物的发声频率范围及听觉频率范围。

表 2-1　人和一些动物的发声频率范围及听觉频率范围

	发声音频率范围(Hz)	听觉频率范围(Hz)
人	85～1100	20～20000
狗	452～1800	15～50000
猫	760～1500	60～65000
蝙蝠	10000～120000	1000～120000
海豚	7000～12000	150～150000

2．音质的评价方法

评价再现声音的质量有主观评价和客观评价两种方法。通常，根据乐音、音质、听感三要素的变化和组合来主观评价音质的各种属性，主要有以下 5 个方面：立体感、定位感、空间感、层次感和厚度感。客观技术指标有失真度、频响与瞬态响应、信噪比及声道分离和平衡度四个方面。

2.2　采集声音素材

当我们要使用一段声音时，先要将这段声音采集下来。自然界的声音可以通过录制的方式采集，网络上的声音可以直接下载到本地，声音素材还可以使用软件截取一部分到播放设备中进行播放。以下将重点介绍多媒体声音素材的采集方式。

2.2.1　截取法

原始声音素材不一定符合使用要求，这时可以运用音频编辑软件，截取所需要的素材内容，只保留需要的音频内容形成新的声音文件。

实例 1　录音软件截取

Windows 7 系统自带"录音机"软件，可以录取原始声音素材中符合需要的部分，图 2-4 所示为使用"录音机"软件截取的声音素材。

图 2-4　使用"录音机"软件截取的声音素材

在使用"录音机"软件截取声音素材时，首先要保持外部环境的安静，这样截取的声音杂音少；其次，操作要快速、准确，以操作录音机软件为主，找准所需素材的开始和结束时间。

 跟我学

1. **启动软件**　单击屏幕左下角的 按钮，选择"所有程序"→"附件"→"录音机"命令，运行"录音机"软件。
2. **打开声音文件**　双击声音文件，选择音频播放软件播放声音文件。
3. **录制声音**　按图 2-5 所示操作截取声音，待录制完所需内容后，单击"停止录制"按钮，保存文件以完成截取。

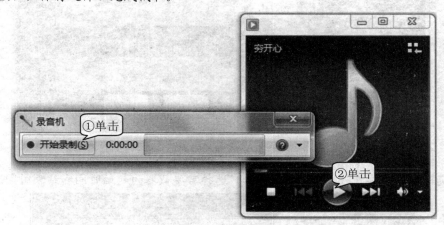

图 2-5　录制声音

实例 2　编辑软件截取

使用录音软件在操作过程中很难精确截取，运用专业的声音编辑软件，可以精准截取原始声音素材中需要的部分，将所截取的内容保存为新的声音文件，如图 2-6(a)所示为截取前的声音素材，图 2-6(b)所示为截取后的声音素材。

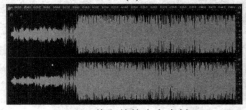 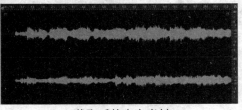

(a) 截取前的声音素材　　　　　　(b) 截取后的声音素材

图 2-6　截取音乐前后的效果对比

使用音频编辑软件打开声音素材文件，选择需要的声音内容，运用软件进行剪裁，再将剪裁后形成的新的声音素材保存为新的声音文件。

跟我学

1. **选择文件** 运行音频编辑软件 Adobe Audition，按图 2-7 所示操作，打开素材文件
"花儿乐队-穷开心.mp3"。

图 2-7　选择文件

2. **选择声音段落** 按图 2-8 所示操作，选择需要截取的起始时间和结束时间。

图 2-8　选择声音段落

3. **剪裁声音** 选择"编辑"→"剪裁"命令，即可剪裁当前选取的段落文件，效果如
图 2-9 所示。

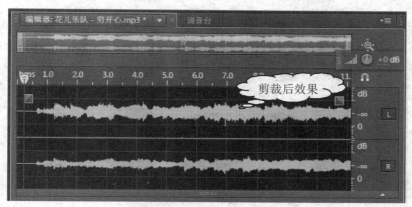

图 2-9　剪裁后的效果

4. **保存文件**　选择"开始"→"导出"→"文件"命令，按图 2-10 所示操作，即可将剪裁好的声音文件保存为新的文件。

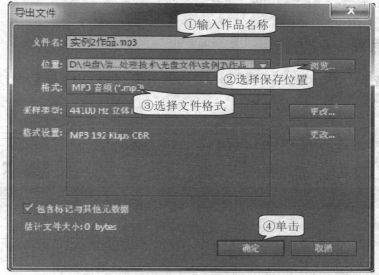

图 2-10　导出文件

2.2.2　下载法

有时候所需要的声音文件可以从网络上下载，有的可以从浏览器直接下载，有的可以在专业音乐软件中搜索下载，还有的可以通过网络工具下载。

实例 3　浏览器下载

通过浏览器搜索引擎，搜索需要的声音文件，按浏览器下载操作提示进行下载，即可下载需要的声音文件。使用浏览器时尽量选择主流浏览器，图 2-11 展示了目前比较主流的几种浏览器。

图 2-11　目前比较主流的浏览器

　　浏览器下载声音文件时，可以通过搜索引擎搜索下载，目前国内知名的搜索引擎有百度、搜狗、好搜、必应等。还可以在音乐网站内搜索下载，目前国内知名的音乐网站有硬度 MP3、一听音乐网、虾米音乐网、九天音乐网等。

 跟我学

1. **搜索音乐**　打开浏览器，选择"好搜"搜索引擎，按图 2-12 所示操作，搜索音乐"青春修炼手册"。

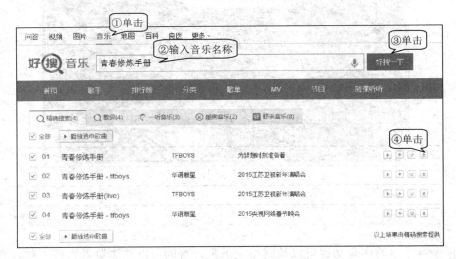

图 2-12　搜索音乐

2. **下载音乐**　单击"下载"按钮后，在弹出的对话框中按图 2-13 所示操作，下载音乐文件。

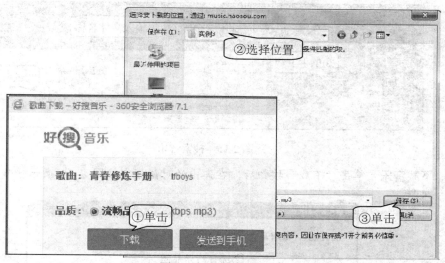

图 2-13　下载音乐

实例 4　专业软件下载

安装专业的音乐软件，在软件中搜索需要的声音文件，利用软件中自带的下载工具下载声音文件到本地电脑。选择音乐软件时尽量选择主流音乐软件，图 2-14 展示了目前比较流行的几种音乐软件。

图 2-14　目前比较流行的音乐软件

在音乐软件中，利用软件中的搜索功能搜索需要的音乐，再通过音乐软件自带的下载器下载音乐到本地播放器。目前知名的音乐软件还有 QQ 音乐、酷我音乐、多米音乐等。

 跟我学

1. **搜索音乐**　下载并安装音乐软件如"酷狗音乐"，打开音乐软件，按图 2-15 所示操作，搜索音乐"海阔天空"。

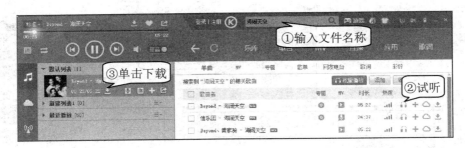

图 2-15　搜索音乐

2. **下载音乐**　单击"下载"按钮后，在弹出的对话框中按图 2-16 所示操作，下载音乐文件。

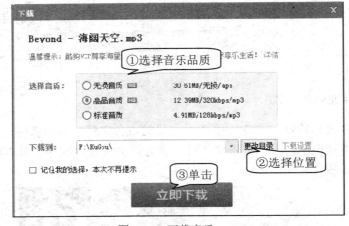

图 2-16　下载音乐

实例 5　网络工具下载

使用网络下载工具也可以下载声音文件，本例中运用"硕鼠"这款网络视频、音乐下载工具，搜索需要的音乐文件并下载，效果如图 2-17 所示。

图 2-17　"硕鼠"下载器

运行下载工具后，在工具搜索栏中搜索"筷子兄弟-小苹果"，查找后按步骤操作下载音乐文件到本地播放设备，该软件支持 Windows、MAC 和安卓系统。

跟我学

1. **运行软件**　下载并安装网络工具软件"硕鼠"，运行软件，按图 2-18 所示操作，搜索音乐"小苹果"。

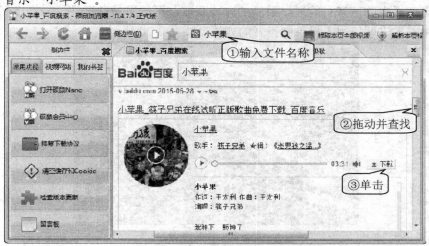

图 2-18　搜索音乐

2. **下载音乐**　单击"下载"按钮后，在弹出的对话框中按图 2-19 所示操作，下载音乐文件。

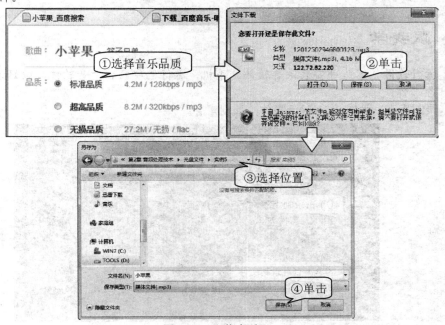

图 2-19　下载音乐

2.2.3 录制法

录制声音要借助相关设备或软件，可以使用数字磁带录音机、录音笔或手机录音工具等录制声音，也可以使用电脑中的"录音机"软件或 Adobe Audition 录音软件录制声音。

实例 6 录音工具录制

收录自然界中的声音只能通过录制的方式获取，可使用录音工具，采集自然界中的声音。本例中着重讲解使用手机录制声音的方法，如图 2-20 所示。

图 2-20 手机录音

打开手机中的录音机软件，将手机话筒对准声音源，录制时尽量避免干扰以保证录音的有效性。录音前进行试录音，检查录音设备是否能正常使用，如发现录音设备存在问题，及时更换录音设备。

 跟我学

1. **运行软件** 下载并安装录音软件到手机，运行已安装的录音软件，做好录音前的准备工作。
2. **录制声音** 按图 2-21 所示操作，录制声音。

②单击以完成

①单击录制

③单击查看录制文件

图 2-21 录制声音

实例 7　电脑软件录制

有些网络上的声音文件在下载时需要积分或点数，不能够直接通过下载器下载。这时可运用录音软件，录制声音文件。本例中通过录音软件 Adobe Audition 录制 Paulini 的歌曲《Fly》，效果如图 2-22 所示。

图 2-22　Adobe Audition 录制歌曲效果图

首先打开录音软件，新建录音文件，做好录音前的准备工作。再打开音乐网站，找到需要录制的歌曲。然后开始录制，录制完成后保存声音文件为新的声音文件即完成了录制工作。

 跟我学

1. **新建文件**　运行录音软件 Adobe Audition，选择"文件" → "新建" → "音频文件"命令，在"新建音频文件"对话框中按图 2-23 所示操作，新建录音文件。

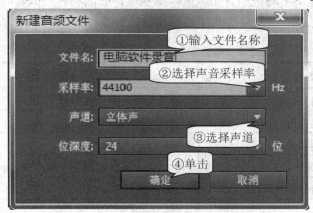

图 2-23　新建文件

2. **录制音乐** 在网络上找到需要录制的音乐，按图 2-24 所示操作，录制声音文件。

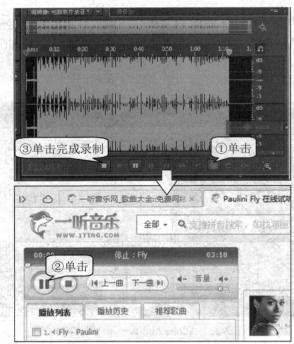

图 2-24　录制音乐

知识库

1. 音乐网站及地址链接

音乐不一定非要下载到本地播放设备才可以播放，在网络上也可以直接播放许多音乐。有些网站在网络上提供了海量的音乐以供网络播放，如酷狗音乐网就专门提供网络播放的各种音乐。表 2-2 列出了部分音乐网站名称及地址链接。

表 2-2　部分音乐网站名称及地址链接

音乐网站名称	网 址 链 接
酷狗音乐网	http://www.kugou.com/1145
一听音乐网	http://www.1ting.com/
九酷音乐网	http://www.9ku.com/
百度 MP3	http://music.baidu.com/?from=new_mp3
虾米音乐网	http://www.xiami.com/

2. 电子合成音乐

电子设备所创造出来的音乐称为电子合成音乐。任何以电子合成器、效果器、电脑音乐软件、鼓机等"乐器"所产生的电子声响，都可以称为电子音乐。

电子合成音乐兴起于 20 世纪 50 年代，电子音乐的制作是用电子技术获得各种声音，通过一定规律组合成作品。

2.3　处理声音素材

对于不符合使用要求的声音文件，要对其进行相应处理，以满足使用需求。一般可使用专业音频编辑软件，对源声音素材进行编辑，形成新的符合要求的声音文件。以下将着重介绍如何使用 Adobe Audition 软件处理声音素材。

2.3.1　认识声音处理软件

Adobe Audition 是国际著名的 Adobe 公司开发的专业音频编辑工具，提供音频混合、编辑、控制和效果处理等功能。它功能十分强大，支持 128 条音轨、多种音频特效和多种音频格式，操作简单、便捷，软件界面如图 2-25 所示。

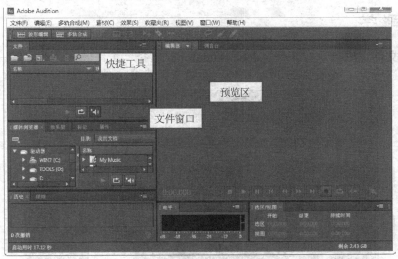

图 2-25　Adobe Audition 软件界面

整个软件界面看起来非常专业化，软件启动后默认界面包含"文件"、"媒体浏览器"、"历史"、"编辑区"、"电平"和"选区/视图"等部分。在菜单栏下方的快捷键区首要显示的是"波形编辑"和"多轨合成"，方便使用者启动相应编辑器编辑文件。

2.3.2　处理声音文件

运用 Adobe Audition 软件可以对声音文件进行简单的添加、删除、剪切和拼接等处理。将处理完成的素材进行发布，就可以得到所需的声音文件。

实例 8　添加或删除素材

运用 Adobe Audition 软件，在软件编辑区内可以根据需要添加或删除声音文件，达到想要的结果，效果如图 2-26 所示。

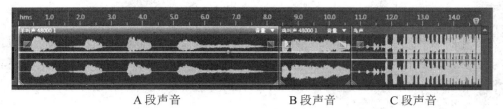

A 段声音　　　　　B 段声音　　　C 段声音

图 2-26　添加声音文件

在多轨合成编辑器中依次打开需要编辑的声音素材，并将这些素材文件按需要的顺序直接拖动到编辑区，即完成声音的添加。如果需要删除某段声音，则选定该段声音后，按 Delete 键即可删除该声音。

 跟我学

1. **新建文件**　运行录音软件 Adobe Audition，选择"文件"→"新建"→"多轨合成项目"命令，按图 2-27 所示操作，新建多轨声音文件。

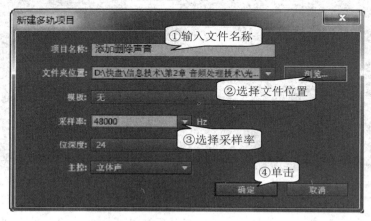

图 2-27　新建多轨项目

2. **添加声音文件**　在新建的声音文件中，按图 2-28 所示操作，依次插入声音文件。

图 2-28　添加声音文件

3. **删除声音文件**　在多轨声音文件中，如不再需要某段声音文件时，选中该声音文件后按键盘上的 Delete 键即可删除该段声音。

实例 9　剪裁声音素材

运用 Adobe Audition 软件，可以在编辑区内对单个声音素材中的某段声音进行剪裁，效果如图 2-29 所示。

图 2-29　剪裁声音文件

根据需要，选择声音素材开头的广告声音并将其剪裁掉，再通过时间选择方式，精准定位起止时间，将不需要的片段进行剪裁。

 跟我学

1. **打开文件**　运行录音软件 Adobe Audition，选择"文件"→"打开"命令，打开需要剪裁的素材文件。
2. **简单剪裁素材**　运用鼠标选择需要剪裁的区域，按图 2-30 所示操作，简单剪裁声音素材。

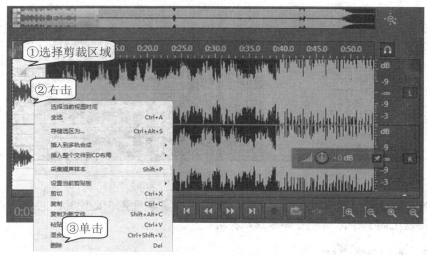

图2-30　简单剪裁素材

3. **精确剪裁素材**　试听好音乐后，根据剪裁需要按图 2-31 所示操作，精确剪裁素材。

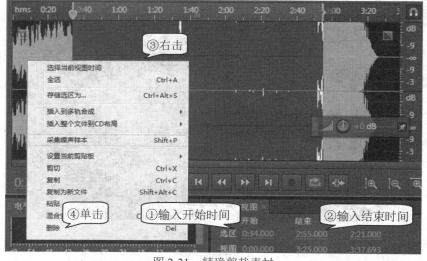

图2-31　精确剪裁素材

4. **保存文件**　选择"文件"→"导出"→"文件"命令，将剪裁好的素材保存为新的声音文件。

2.3.3　增加声音效果

运用 Adobe Audition 软件还可以对声音素材进行淡入、淡出、降噪、修复、调制等 10 多种效果处理，并可通过相应的效果调制面板，调整声音素材效果。

实例 10　淡入淡出效果

运用 Adobe Audition 软件，在音频编辑区内对声音素材进行淡入或淡出的效果处理，其可视化的操作过程方便了使用者的学习，效果如图 2-32 所示。

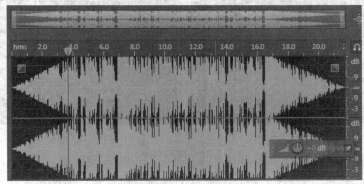

图 2-32　淡入淡出效果图

淡入淡出效果在编辑区内可以直接通过鼠标操作进行调整，调整时应试听效果，直到达到满意效果为止。

 跟我学

1. **打开文件**　运行软件 Adobe Audition，选择"文件"→"打开"命令，打开需要进行效果处理的素材。
2. **设置淡入淡出**　在打开的声音素材文件中，按图 2-33 所示操作，设置素材声音文件的淡入、淡出效果，设置时注意调整效果的线性值大小。

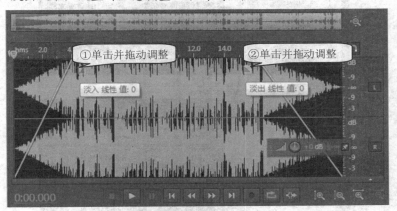

图 2-33　设置淡入淡出效果

3. **保存文件**　选择"文件"→"导出"→"文件"命令，保存已经处理好的声音文件到本地电脑。

实例 11　降噪效果

声音文件在录制时，如果背景环境嘈杂或录音设备有问题，可能造成录制的音频文件存在噪音。通过 Adobe Audition 软件，可以在有效采样的基础上将这些噪音去除掉，效果如图 2-34 所示。

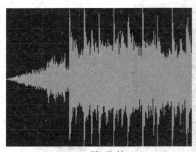

(a) 降噪前　　　　　　　　　　　　　(b) 降噪后

图 2-34　降噪效果图

降噪前先要对噪音样本进行采样，采样的效果直接影响后继的处理效果。在声音录制时，应先进行一小段空白录音，这样在后期处理中就可以有效地进行噪音采样了。

 跟我学

1. **打开文件**　运行软件 Adobe Audition，选择"文件"→"打开"命令，打开需要进行效果处理的素材。
2. **噪音采样**　先试听噪音段落，在确定只是噪音的情况下进行噪音采样，按图 2-35 所示操作，采集噪音样本。

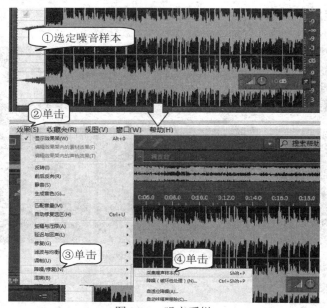

图 2-35　噪音采样

3. **降噪处理**　噪音采样结束后，选定整个声音文件，选择"效果"→"降噪/修复"→"降噪"命令，对整个声音素材进行降噪。
4. **保存文件**　选择"文件"→"导出"→"文件"命令，保存已经处理好的声音文件到本地电脑。

2.3.4　合成多轨声音

美妙的音乐大多由不同元素的声音通过一定手法相互混合在一起，这些不同元素的声音素材通过搭配，融合成了新的声音文件。通过声音编辑软件将不同的声音文件，以一定方式相互交叉、融合，形成新的音乐，一般称为多轨合成。

实例 12　多轨合成

运用 Adobe Audition 软件，在多轨合成编辑区内将不同的声音文件搭配在一起，形成新的声音文件，效果如图 2-36 所示。

图 2-36　多轨合成效果图

将不同的音乐放置于不同的轨道进行合成，如上图中将诗朗诵放在轨道 1 中，将背景音乐放在轨道 2 中，同时播放轨道 1 和轨道 2 的声音文件，就形成了合成效果。

 跟我学

1. **新建多轨项目**　运行软件 Adobe Audition，选择"文件"→"新建"→"多轨合成项目"命令，新建多轨合成项目文件。
2. **插入朗诵音乐**　在新建的多轨合成编辑区中，按图 2-37 所示操作，在轨道 1 中插入诗朗诵声音文件。

图 2-37　添加声音文件

3. **插入背景音乐**　重复图 2-37 操作，在轨道 2 中插入背景音乐文件。

4. **编辑轨道音乐**　按图 2-38 所示操作，编辑轨道 1 和轨道 2 中的声音文件，形成最佳效果。

图 2-38　编辑轨道音乐

5. **导出新建文件**　选择"文件"→"导出"→"多轨缩混"→"整个项目"命令，在"导出多轨缩混"对话框中按图 2-39 所示操作，导出新编辑的声音文件。

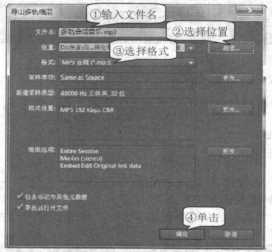

图 2-39　导出声音文件

2.3.5　综合实例

声音文件的编辑往往不只是单一的效果处理，而是要通过多重效果处理等才能达到满意的效果，下面将以实例的方式展示声音素材处理的过程。

实例 13　制作手机铃声

自己制作的手机铃声才是最具个性化的，运用 Adobe Audition 软件，制作只有自己才拥有的独特铃声，效果如图 2-40 所示。

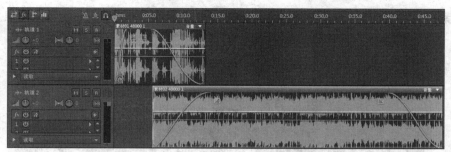

图 2-40　手机铃声效果图

　　将声音素材文件放置于不同的轨道中，对轨道 1 中的声音素材进行噪音采样并降噪处理，然后回到多轨合成编辑区内调整各轨道中声音的位置，设置淡入淡出效果。

 跟我学

1. **新建多轨项目**　运行软件 Adobe Audition，选择"文件"→"新建"→"多轨合成项目"命令，新建多轨合成项目文件。
2. **插入素材文件**　在新建的多轨合成编辑区中，在轨道 1 和轨道 2 中分别插入准备好的声音素材文件。
3. **降噪处理素材**　轨道 1 的声音素材中存在噪音，按图 2-41 所示操作，进行降噪处理，完成降噪处理后，返回到多轨合成编辑区。

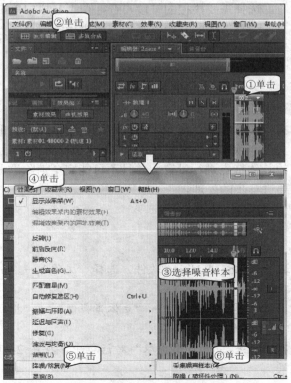

图 2-41　降噪处理素材

4. **素材的其他处理** 在多轨编辑区，按图 2-42 所示操作，对素材进行效果处理。

图 2-42 效果处理

5. **保存文件** 选择"文件"→"导出"→"多轨缩混"→"整个项目"命令，导出编辑文件为新的声音文件。

 知识库

1. 拼接文件

拼接声音文件时，既可以把后面的文件拼接在前面的文件之后，也可以把前面的文件拼接在后面的文件之前。选择需要拼接的一段声音，在工具栏中单击"复制"按钮，切换到另一段声音文件窗口，调整选区的开始位置为需要拼接的起点，再在工具栏中单击"粘贴"按钮，拼接后的结果另存为新的文件，不破坏原始的声音文件。

2. 消除人声

如需要在一段背景音乐中消除其中的人声，可以选中整个声音文件，选择"效果"→"立体声声像"→"提取中置声道"命令，再在对话框中根据声音的特点适当选择消减人声的频率范围，比如女声的频率范围设置在 150～10000Hz 之间，最后单击"确定"按钮。消减人声要根据人声的具体特点进行设置，并且不可能完全消除歌曲中的人声，要想达到比较好的效果，还需要进一步的处理。

 跟我学

1. **导入素材** 运行 Adobe Audition 软件，选择"文件"→"打开"命令，打开素材文件。
2. **打开效果对话框** 选择"效果"→"立体声声像"→"提取中置声道"命令，打开"效果-中置声道提取"对话框。
3. **设置效果** 在"效果-中置声道提取"对话框中，按图 2-43 所示操作，设置素材消除人声效果。

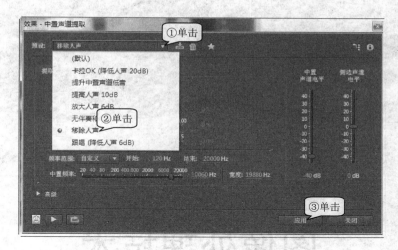

图 2-43　设置效果

第 3 章

图像处理技术

　　"一图胜千言"，人们可以从图形和图像中理解许多其他形式难以表达的内涵，图像是人类获得信息最重要的来源。据研究，人类有 80%的信息来源于视觉，而人眼睛所看到的事物都是这些事物在眼睛视网膜上所形成的图像。基于这个原因，在制作板报、演讲稿或网页等多媒体作品时，应用最多的素材就是图像。

　　图像素材运用得是否恰当、图像素材质量的好坏等将直接影响多媒体作品的质量与效果，因而在制作多媒体作品前，图像素材的选取制作与加工处理就显得尤为重要。本章将介绍与图像相关的知识，获取和选取图像素材的方法，以及如何运用图像处理软件制作、加工处理各种图像素材，揭开运用计算机处理图像的神秘面纱。

本章内容：

- 图像基础知识
- 图像素材的采集
- 图像素材的处理

3.1　图像基础知识

图像是人们最熟悉的事物，现实生活中它可谓名目繁多、称呼各异，如照相机拍摄的称照片、数学上的称图形、书本杂志上的称插图、画家创作的称油画或水彩画……，从多媒体技术的角度看，这些都是模拟图像，只有把模拟图像转换成二进制代码才能在计算机中存储和处理，这一过程称为图像的数字化。

数字化过程一般经过采样、量化与编码等处理，因此，在学习图像处理技术之前，要了解与之相关的一些技术参数和概念，如色彩要素、分辨率、图像压缩格式等。

3.1.1　图像色彩原理

色彩的感觉是一般美感中最大众化的形式。人的视觉对色彩有着特殊的敏感性，图像离不开色彩，色彩是图像的重要组成部分。

1．三原色

色彩中不能再分解的基本色称为原色，原色可以合成其他的颜色，而其他颜色却不能还原出原色。如图 3-1 所示的红、绿、蓝，将它们按一定比例混合可得出各种其他颜色，而三者中任意一色都不能由另外两种色混合产生，色彩学上将这三个独立的色称为三原色。

图 3-1　三原色

电视显像管、LED 显示屏等显示图像的色彩都是由红、绿、蓝三色光组成的，它们又被称为色光三原色或彩电三原色。

在美术实践中，品红加少量黄可调出大红，而大红却无法调出品红；青加少量品红可以得到蓝，而蓝加白得到的却是不鲜艳的青。因此，彩色印刷的油墨调配、彩色照片的原理及生产、彩色打印机设计以及实际应用，都是黄、品红、青为三原色，常称它们为颜料三原色或印刷三原色，如图 3-2 所示。

图 3-2　颜料三原色

2．成色原理

根据三原色原理，任何一色(三原色除外)都可通过三原色按照不同的比例混合出来。色彩的混合分为加法混合和减法混合，色彩还可以在进入视觉之后才发生混合，称为中性混合。

- 加法混合：是指色光的混合，混色关系如图 3-1 所示。两种以上的光混合在一起，光亮度会提高，混合色光的总亮度等于相混各色光亮度之和。如果只通过两种色光混合就能产生白色光，那么这两种光就是互为补色，如图 3-3 所示。

图 3-3　互为补光

- 减法混合：主要是指色料的混合，混色关系如图 3-2 所示。减法混色利用了滤光特性，即在白光中减去不需要的彩色，留下所需要的颜色。如果两种颜色能产生灰色或黑色，这两种色就是互补色，如图 3-3 所示。三原色按一定的比例相混，所得的色可以是黑色或黑灰色。在减法混合中，混合的色越多，明度越低，纯度也会有所下降。
- 中性混合：是基于人的视觉生理特征所产生的视觉色彩混合，并不变化色光或发光材料本身，混色效果的亮度既不增加也不减低。常见方式有色盘旋转混合与空间视觉混合。

3．颜色模式

颜色模式是将某种颜色表现为数字形式的模型，或者说是一种记录图像颜色的方式。常见的颜色模式有：RGB、CMYK、HSB、LAB、灰度模式、位图模式等。

- RGB 色彩模式：对应于电脑显示器、电视屏幕等显示设备，因此也称为色光模式。当 R、G、B 都为 0，即三种色光都同时不发光时就成了黑色。光线越强，颜色越亮，当 R、G、B 都为 255，即三种色光都同时发光到最亮就成了白色，所以 RGB 模式称为加色法。

- CMYK 模式：也称作印刷色彩模式，是打印的标准颜色，主要应用于打印机、印刷机。其中四个字母分别指青色(Cyan)、洋红色(Magenta)、黄色(Yellow)、黑色(Black，用最后一个字母 k 表示)，在印刷中代表四种颜色的油墨。CMYK 模式在本质上与 RGB 模式没有什么区别，只是产生色彩的原理不同。在 RGB 模式中由光源发出的色光混合生成颜色；而在 CMYK 模式中则由光线照到有不同比例 C、M、Y、K 油墨的纸上，部分光谱被吸收后，反射到人眼的光产生颜色。由于 C、M、Y、K 在混合成色时，随着 C、M、Y、K 四种成分的增多，反射到人眼的光会越来越少，光线的亮度会越来越低，所以 CMYK 模式产生颜色的方法又被称为色光减色法。

- HSB 模式：HSB 是基于人体视觉系统(色)的色彩模式。H(Hue)为色相(度)，用于调整颜色，取值为 0～360 度；S(Saturation)为饱和度(%)，指颜色的深度，取值为 0(灰色)～100%(纯色)；B(Brightness)为明度(%)，指色彩明暗程度，取值为 0 (黑色)～100%(白色)。

- LAB 模式：LAB 模式是由国际照明委员会(CIE)于 1976 年公布的，理论上包括了人眼可见的所有颜色的色彩模式。LAB 颜色是由 RGB 三基色转换而来的，它是由 RGB 模式转换为 HSB 模式和 CMYK 模式的桥梁。LAB 模式不依赖于光线，也不依赖于颜料，弥补了 RGB 与 CMYK 两种色彩模式的不足，是 Photoshop 在不同颜色模式之间转换时使用的内部颜色模式。用户可以在图像编辑中使用 LAB 模式，并且 LAB 模式转换为 CMYK 模式时不会像 RGB 转换为 CMYK 模式时那样丢失色彩。因此，避免色彩丢失的最佳方法是用 LAB 模式编辑图像，再转换成 CMYK 模式打印输出。但有些 Photoshop 滤镜对 LAB 模式的图像不起作用，所以如果要处理彩色图像，建议在 RGB 模式与 LAB 模式两者中任选一种，打印输出前再转成 CMYK 模式，用 LAB 模式转换图像不用校色。

- 灰度模式：如果选择了灰度模式，则图像中没有颜色信息，色彩饱和度为零，图像有 256 个灰度级别，从亮度 0(黑)到 255(白)。如果要编辑处理黑白图像，或将彩色图像转换为黑白图像，可以制定图像的模式为灰度，由于灰度图像的色彩信息都从文件中去掉了，所以灰度相对彩色来讲文件大小要小得多。

- 位图模式：使用黑白两种颜色之一来表示图像中的像素。位图模式的图像也叫黑白图像，因为图像中只有黑白两种颜色。除非特殊用途，一般不选这种模式。当需要将彩色模式转换为位图模式时，必须先转换为灰度模式，由灰度模式才能转换为位图模式。

3.1.2　图像常见类型

按照描述方法对计算机中的图像进行分类，通常分为两种类型：一种称为矢量图或几何图形(简称图形)，另一种称为位图或点阵图像(简称图像)。

1. 矢量图

矢量图是指利用图形的几何特性的数学模型进行描述的各种图形，与分辨率无关，将图形放大到任意程度，都不会失真，如图 3-4 所示。

图 3-4　矢量图和局部放大

2. 位图

位图是指以点阵方式保存的图像。它由多个不同颜色的点组成，可以在不同的软件之间转换，主要用于保存各种照片图像。位图的缺点是文件尺寸太大，且和分辨率有关。因此，当位图的尺寸放大到一定程度后，会出现锯齿现象，图像将变得模糊，如图 3-5 所示。

图 3-5　位图和局部放大

3.1.3　图像文件格式

图像文件格式是计算机存储这幅图的格式与对数据压缩编码方法的体现，不同的文件格式通过不同的文件扩展名来区分。图像处理软件一般可以识别和使用这些图像文件，并可以实现文件格式之间的相互转换。

目前常见的图像文件格式有很多种，如 BMP、JPEG、GIF、TIFF、PNG 等。而 Photoshop 所默认的图像文件为 PSD 格式。由于大多数的图像格式都不支持 Photoshop 的图层、通道、矢量元素等特性，因此，如果希望能够继续对图像进行编辑，则应将图像以 PSD 格式保存。

1. BMP 格式

BMP(全称：Bitmap，位图)是 Microsoft 公司为 Windows 自行开发的一种位图格式文件，与硬件设备无关，使用广泛。它采用位映射存储格式，除了图像深度可选以外，不采用其他任何压缩，因此，BMP 文件所占用的空间很大。BMP 文件的图像深度可选 1bit、4bit、

8bit 及 24bit。BMP 文件存储数据时，图像的扫描方式是按从左到右、从下到上的顺序。

2．JPG 格式

JPG(全称：Joint Photographic Expert Group，联合照片专家组)是由一个软件开发联合会组织制定的一种有损压缩格式，文件后缀名为".jpg"或".jpeg"。

JPG 格式能够将图像压缩在很小的储存空间内，图像中重复或不重要的资料会丢失，因此容易造成图像数据的损失。如果使用过高的压缩比例，将使最终解压缩后恢复的图像质量明显降低，因此要追求高品质图像，不宜采用过高压缩比例。但是 JPEG 压缩技术十分先进，它用有损压缩方式去除冗余的图像数据，在获得极高的压缩率的同时能展现十分生动的图像，换句话说，就是可以用最小的磁盘空间得到较好的图像品质。而且 JPEG 是一种很灵活的格式，具有调节图像质量的功能，允许用不同的压缩比例对文件进行压缩，支持多种压缩级别，压缩比率通常在 10:1 到 40:1 之间，压缩比越大，品质就越低；相反地，压缩比越小，品质就越高。JPEG 格式压缩的主要是高频信息，对色彩的信息保留较好，适合应用于互联网，可减少图像的传输时间；它还可以支持 24bit 真彩色，也普遍应用于需要连续色调的图像，因此，是目前网络上最流行的图像格式。

3．GIF 格式

GIF(全称：Graphics Interchange Format，图形交换格式)是 CompuServe 公司在 1987 年开发的图像文件格式。GIF 文件的数据是一种基于 LZW 算法的连续色调的无损压缩格式，其压缩率一般在 50%左右，它不属于任何应用程序，目前几乎所有相关软件都支持它，公共领域有大量的软件在使用 GIF 图像文件。

4．TIF 格式

TIF(全称：Tag Image File Format，标签图像文件格式)文件是由 Aldus 和 Microsoft 公司为桌面出版系统研制开发的一种较为通用的图像文件格式。TIFF 格式灵活易变，它又定义了四类不同的格式：TIFF-B 适用于二值图像；TIFF-G 适用于黑白灰度图像；TIFF-P 适用于带调色板的彩色图像；TIFF-R 适用于 RGB 真彩图像。

5．PNG 格式

PNG(全称：Portable Network Graphics，便携式网络图形)是网上常用的最新图像文件格式。PNG 能够提供长度比 GIF 小 30%的无损压缩图像文件。它同时提供 24bit 和 48bit 真彩色图像支持以及其他诸多技术性支持。由于 PNG 比较新型，所以目前并不是所有的程序都可以用它来存储图像文件，但 Photoshop 可以处理 PNG 图像文件，也可以用 PNG 图像文件格式存储。

6．PSD 格式

Photoshop Document(PSD)是 Photoshop 图像处理软件的专用文件格式，文件扩展名是

"*.Psd*"，可以支持图层、通道、蒙板和不同色彩模式的各种图像特征，是一种非压缩的原始文件保存格式。扫描仪不能直接生成这种格式的文件。PSD 文件有时容量会很大，但由于可以保留所有原始信息，因此在图像处理中对于尚未制作完成的图像，选用 PSD 格式保存是最佳的选择。

3.1.4 图像质量指标

为了获得高质量的图像，选择图像时需要从图像色彩、图像深度和图像分辨率等方面进行考虑。

1. 色彩

色彩是人的眼睛对于不同频率的光线的不同感受。即人眼的视锥细胞采样得到的信号通过大脑产生不同颜色的感觉，这些感觉由国际照明委员会(CIE)做了定义，用颜色的三个特性来区分。这些特性是色调(或色相)、饱和度(纯度或色度)、明度(或亮度)。任何一个颜色或色彩都可以从这三个方面进行判断分析。

- 色调：是指光所呈现的颜色，如红、绿、黄……彩色图像的色调决定于在光的照射下所反射的光的颜色。
- 饱和度：代表色彩的纯度，为零时即为灰色。白、黑和其他灰度色彩都没有饱和度。最大饱和度时是每一色相最纯的色光。对于同一色调的彩色光，其饱和度越高，说明它的颜色越深，如深红比浅红的饱和度要高。高饱和度的彩色光可以因为加入白光而被冲淡，变成低饱和度的彩色光，可见饱和度下降的程度反映了彩色光被白光冲淡的程度，因此，饱和度也是某种色光纯度的反映。100%饱和度的某色光，就说明没有混入白光的某种纯色光。
- 明度：指图像彩色所引起的人眼睛对明暗程度的感觉。亮度为零时即为黑，最大亮度是色彩最鲜明的状态。

2. 图像深度

图像深度也称图像的位深，是指描述图像中每个像素的数据所占的二进制位数。图像的每一个像素对应的数据通常可以是 1bit 或多位字节，用来存放该像素点的颜色、亮度等信息。因此数据位数越多，所对应的颜色种数也就越多。

目前图像深度有 1bit、2bit、4bit、8bit、16bit、24bit、32bit 和 36bit 等几种。其中若图像深度为 1bit，则只能表示 2 种颜色，即黑与白，或亮与暗，这通常称为单色图像；若图像深度为 2bit，则只能表示 4 种颜色，图像就是彩色图像了。自然界中的图像一般至少要256 种颜色，对应的图像深度为 8bit。而要达到彩色照片一级的效果，则需要图像深度达到24bit，即所谓真彩色。

3. 分辨率

分辨率是指单位长度内所含像素点的数量，如图 3-6 所示，单位为"像素每英寸"(pixel/inch，ppi)。分辨率是影响图像质量的重要因素，与图像处理有关的分辨率有图像分辨率、打印机分辨率和显示器分辨率等。

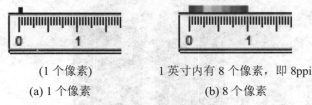

(1 个像素)　　　　　　1 英寸内有 8 个像素，即 8ppi

(a) 1 个像素　　　　　　　(b) 8 个像素

图 3-6　分辨率

- 图像分辨率：图像分辨率直接影响图像的清晰度，图像分辨率越高，则图像的清晰度越高，图像占用的存储空间也越大。
- 显示器分辨率：是指在显示器中，每个单位长度显示的像素或点数，通常以"点每英寸"(dpi)来衡量。显示器的分辨率依赖于显示器尺寸与像素设置，个人计算机显示器的典型分辨率通常为 96dpi。
- 打印机分辨率：与显示器分辨率类似，打印机分辨率也以"点每英寸"来衡量。如果打印机分辨率为 300～600dpi，则图像的分辨率最好为 72～150ppi；如果打印机的分辨率为 1200dpi 或更高，则图像分辨率最好为 200～300ppi。

3.2　图像素材的采集

图像是一种容易被人接受的信息，一幅图能形象、生动、直观地表现出大量的信息，帮助读者理解知识，比枯燥的文字更能吸引读者。图像可以从多种渠道获得，例如，利用扫描仪扫描印刷品或照片，从计算机屏幕上直接截取，从因特网上下载，等等。

3.2.1　扫描法

借助扫描仪，可以用扫描法获取印刷品或较平扁实物的图像。扫描法与利用相机拍照的方法相比，可以有效地避免相机拍照出现的镜头畸变，能够更好地体现印刷品或实物的原貌。

实例 1　扫描印刷品获取图像

当看书或阅读报纸杂志时，经常会遇到一些需要用到的图片，这时我们可以通过扫描仪将图像扫描下来存储在计算机中，作为图像素材。本例从书本中扫描的图像效果如图 3-7 所示。

图 3-7   扫描获取的图片

 跟我学

1. **打开扫描仪**   根据说明书，连接扫描仪到计算机，并打开扫描仪开关。
2. **放入书本**   将书本中含有图片的一页放进扫描仪，书本的左下角对齐扫描仪的左下角，盖上扫描仪盖板。
3. **扫描图片**   打开扫描软件，按图 3-8 所示操作，扫描图片。

图 3-8   扫描图片

4. **生成图片**   经过扫描之后，在指定的文件夹下即可生成对应的图片文件。

3.2.2   截取法

当我们在计算机上运行软件或播放视频时，有时会发现屏幕上某些画面正是我们需要的，可是它并不是一个图像文件。这时只要我们使用截图软件，就可以把屏幕上显示的内容截取下来，并保存为图像文件。

实例 2　截取屏幕静止画面

在使用计算机时，如屏幕上出现一些让人感兴趣的画面，可使用 Snagit 将其截取下来。本例从打开的棋谱软件界面中获取到的局部图片效果如图 3-9 所示。

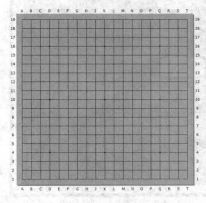

图 3-9　截取屏幕局部的图片

 跟我学

1. **运行软件**　运行 Snagit 软件，打开如图 3-10 所示的使用界面。

图 3-10　Snagit 使用界面

2. **捕获图像**　运行"围棋打谱"软件 Multigo，按图 3-11 所示操作，准备捕获图像。

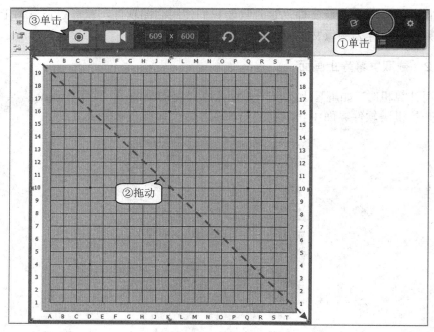

图 3-11　捕获图像

3. **编辑图像**　单击"绘制"工具栏中的"填充"工具![填充图标]，按图 3-12 所示操作，将截取图片四周的白色设置为"透明"。

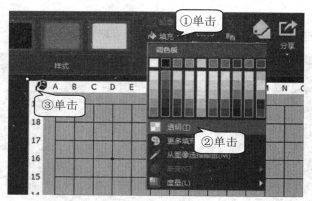

图 3-12　截取并编辑图像

4. **保存图片**　按 Ctrl + S 键，将截取的图像保存为"围棋盘.png"。

实例 3　截取视频画面

在播放视频时，如视频中的某一个画面是我们需要的图片，同样可以使用 Snagit 进行截取。本例从播放的视频中截取的图片效果如图 3-13 所示。

图 3-13　从视频中截取的图片

　跟我学

1. **运行软件**　运行 Snagit 软件，播放视频。
2. **捕获图像**　观看视频，等视频播放到需要截图的画面，按下播放器的暂停键，单击"浮动捕获"窗口中的"捕获"按钮![捕获按钮]，按图 3-14 所示操作，捕获图像。

图 3-14　捕获图像

3. **保存图片**　按 Ctrl + S 键，将截取的图像保存为"醋泡蛋实验.png"。

　知识库

1. Snagit 简介

Snagit 是一款非常优秀的屏幕捕获工具，具有简单、实用、强大、方便等特点。它不仅可以截取图像，还可捕获视频，以及对截取后的图像进行强大的编辑，等等。Snagit 可截取屏幕上的任何画面，包括整个屏幕、一个窗口、屏幕的一个区域或者一个滚动区域；它可录制屏幕和音频(从麦克风或音频系统)；还具有将显示在 Windows 桌面上的文本块直接转换为机器可读文本的独特能力。

2. 定义快捷键

Snagit 的默认快捷键为"Print Screen(打印屏幕)"，为了方便截图，在"首选项"对话框中按图 3-15 所示操作，重新定义快捷键为 F2 键。

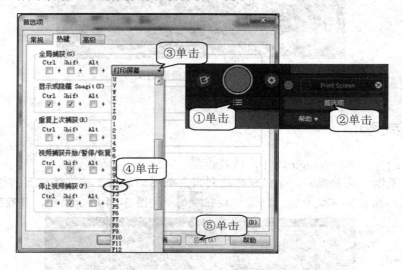

图 3-15 "首选项"对话框

3.2.3 下载法

因特网是一个资源宝库，从中可以得到很多有用的图像。通过搜索引擎搜索、网站浏览，都可以发现很多图像素材，将这些图像素材通过下载的方式下载到计算机中，即可获得这些图片素材。

实例 4 利用百度搜索引擎下载图像

百度搜索引擎是目前国内最为常用的搜索引擎，要利用百度搜索引擎搜索图片，最方便的是使用"百度图片"网站进行搜索。在"百度图片"网站中，不仅可以用关键字进行搜索，甚至还可以用上传图片的方式进行搜索。本例将讲述利用百度图片搜索引擎搜索"太阳系"图片并下载到计算机中的方法，下载的图片效果如图 3-16 所示。

图 3-16　下载的"太阳系"图片

 跟我学

1. **搜索图片**　在浏览器地址栏中输入网址"http://image.baidu.com",进入"百度图片"网站主页,按图 3-17 所示操作,搜索"太阳系"相关的图片。

图 3-17　搜索图片

2. **筛选图片**　按图 3-18 所示操作,筛选大尺寸图片。
3. **浏览图片**　单击搜索到的图片,在新窗口中浏览图片。
4. **保存图片**　按图 3-19 所示操作,保存图片。

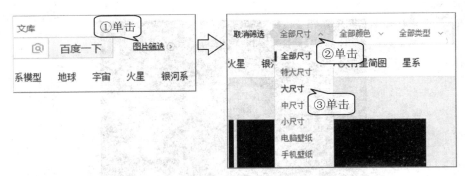

图 3-18　筛选图片

图 3-19　保存图片

3.3　图像素材的处理

在实际使用中，获取的图像素材往往不能直接满足需要，这就需要使用图像处理软件对图像素材进行进一步的处理。Photoshop 就是一种专业并且常用的图像处理软件。它不仅可以绘制图形，还可以对图像进行调整、修复甚至合成。

3.3.1 认识工具

Photoshop 软件虽然功能强大，但是也易学易用，适用于不同水平的用户。它涉及图像绘制、调整、合成等图像处理功能。Photoshop 软件的界面如图 3-20 所示。

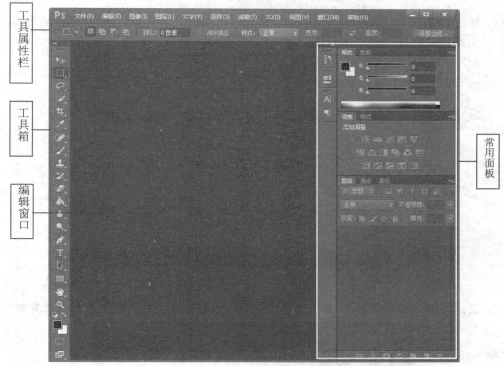

图 3-20 Photoshop 使用界面

实例 5 绘制图像

Photoshop 软件提供了各种绘图工具，在实际应用中，利用工具箱中的各种绘图工具，再配合工具箱属性栏中的选项，可绘制出一些简单的图像。本例中绘制的苹果图像如图 3-21 所示。

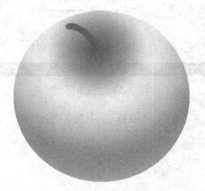

图 3-21 绘制的苹果图像

图 3-21 所示的苹果是先利用选区工具绘制一个圆形选区，再用渐变色进行颜色填充，最后利用画笔绘制一个果柄完成的。

跟我学

1. **新建文件** 运行 Photoshop CS6 软件，选择"文件"→"新建"命令，按图 3-22 所示操作，创建一个图像文件。

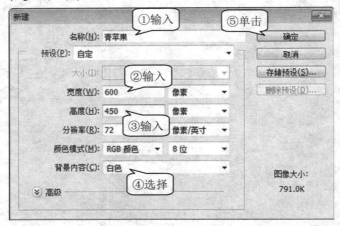

图 3-22　新建文件

2. **选择区域** 按图 3-23 所示操作，绘制一个圆形选区，并将选区移到图像窗口中央。

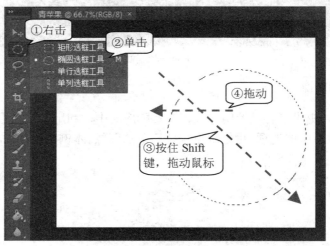

图 3-23　选择区域

3. **修改图层名称** 按图 3-24 所示操作，修改图层名称。

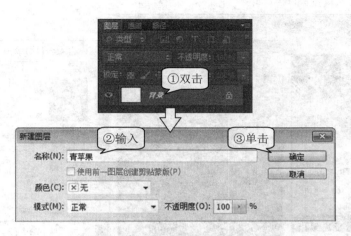

图 3-24　修改图层名称

4. **设置渐变工具**　按图 3-25 所示操作，设置"渐变"工具。

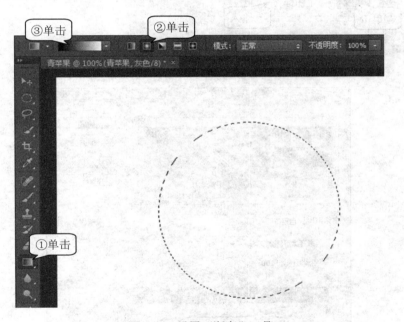

图 3-25　设置"渐变"工具

5. **设置第 1 个色标**　在打开的"渐变编辑器"对话框中，按图 3-26 所示操作，设置左端第 1 个色标的颜色与位置。

6. **设置第 2 个色标**　按图 3-27 所示操作，设置第 2 个色标的颜色与位置。

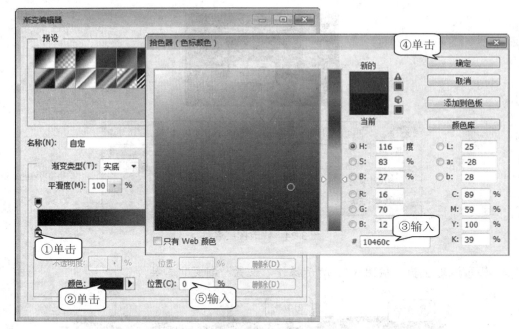

图 3-26　设置第 1 个色标

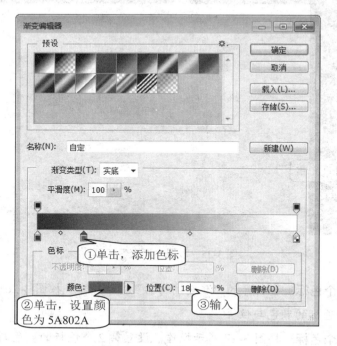

图 3-27　设置第 2 个色标

7. **设置其他色标**　参照第 6 步操作方法，添加并设置其他各色标的颜色值与位置，效果如图 3-28 所示，设置好所有色标后单击"确定"按钮。

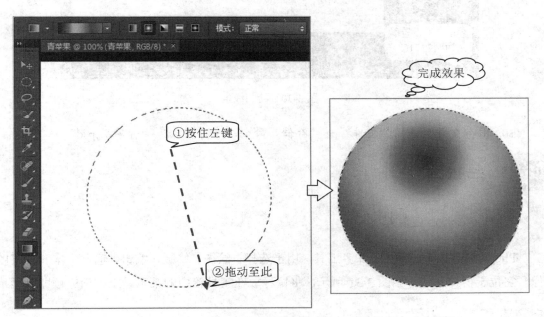

色标	颜色值	位置
①	#10460C	0%
②	#5A802A	18%
③	#AAD74B	35%
④	#82B932	55%
⑤	#52761C	75%
⑥	#6C9B26	100%

图 3-28　设置其他色标

8. **填充选区**　按图 3-29 所示操作，填充选区。

图 3-29　填充选区

9. **绘制线条** 按图 3-30 所示操作，绘制线条作为苹果柄。

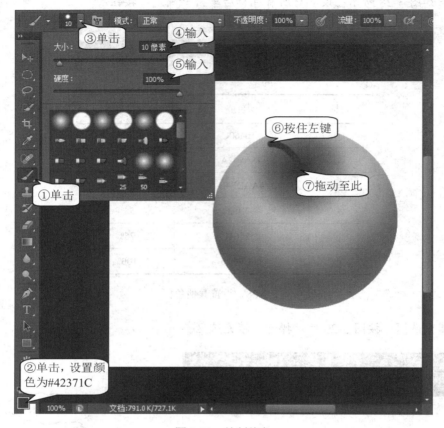

图 3-30　绘制线条

10. **保存文件** 选择"文件" → "存储"命令，保存图片为"青苹果.psd"。

 知识库

1. Photoshop 工具箱

Photoshop 工具箱提供了许多工具，用于选择、绘图、修版、编辑、输入文本和观察图像。它位于窗口左边，如图 3-31 所示，将鼠标放在工具箱中的某工具上，稍停顿即可显示工具名。

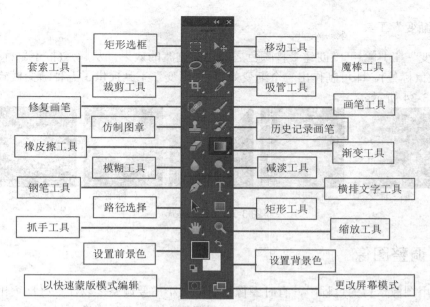

图 3-31　Photoshop 工具箱

2．工具属性栏

工具属性栏位于菜单栏的下面，是专门用来对工具进行设置的，可根据用户所选择的工具显示相应的控制按钮和选项，如图 3-32 所示为"画笔"工具属性栏。

图 3-32　"画笔"工具属性栏

3．图像选区

图像选区是图像上的一个或多个有效编辑区域，由选区工具划定。常见的选区工具如图 3-33 所示，选用工具时，右击工具箱中的"矩形选框"工具█(或"套索"工具█或"魔棒"工具█)，工具列表会打开，单击要选用的工具按钮即可。

图 3-33　选区工具

编辑操作时选区外的图像内容不受影响，因此，借助选区操作，可以方便地处理图像上某个指定的区域。

4."渐变"工具

"渐变"工具 可以创建多种颜色之间逐渐过渡的效果。从起点(按下鼠标处)拖动到终点(释放鼠标处)，即可制作出一个渐变效果。"渐变"工具提供了五种渐变模式，其不同效果如图 3-34 所示。

线性渐变　　　　径向渐变　　　　角度渐变　　　　对称渐变　　　　菱形渐变

图 3-34　渐变模式

3.3.2　调整图像

在使用图像素材的过程中，有时图像素材的大小需要调整，以便更好地突出图像主体部分内容；有时拍摄的照片方向颠倒了，需要调整方向；有时图像素材有亮度不合理、色彩暗淡等问题，需要对色彩进行进一步的设置，等等。借助 Photoshop 软件对图像素材的进一步调整，可以使图像更美观，更加符合我们的需要。

实例 6　调整图像的大小和方向

如图 3-35(a)所示为相机拍摄的照片"应县木塔.jpg"，图 3-35(b)所示为经过调整图像大小和方向后的图片。

(a) 修改前的图像　　　　　(b) 修改后的图像

图 3-35　调整图像大小和方向的前后对比

由于图 3-35 所示的照片，在拍摄时是竖拍，照片存在方向问题，其次木塔倾斜。因此在调整时，先用"旋转"命令调整照片方向，再用"裁剪"工具对照片倾斜问题进行处理。

 跟我学

1. **打开文件**　运行 Photoshop CS6 软件，找到并打开图像素材文件"应县木塔.jpg"。
2. **旋转图像**　选择"图像"→"图像旋转"→"90 度(顺时针)"命令，将图像按顺时针方向旋转 90 度。

3. **裁剪图像**　按图 3-36 所示操作，裁剪图像并对图像做倾斜校正。

图 3-36　裁剪图像

4. **保存文件**　按 Ctrl + S 键，保存图像为 "应县木塔(已调整).jpg"。

实例 7　调整图像色彩

如图 3-37(a)所示为相机拍摄的照片 "响水涧.jpg"，可以看出该照片色彩暗淡、画面偏暗，图 3-37(b)所示为调整过色彩后的图片。

(a) 修改前的图像　　　　　　(b) 修改后的图像

图 3-37　调整图像色彩前后对比

具体操作：选择 "图像" → "调整" → "亮度/对比度" 命令，调整图像的亮度和对比度，再选择 "自然饱和度" 命令调整图像的饱和度。

 跟我学

1. **打开文件**　运行 Photoshop CS6 软件，找到并打开图像素材文件 "响水涧.jpg"。

2. **调整亮度与对比度**　选择"图像"→"调整"→"亮度/对比度"命令，按图 3-38 所示操作，调整图像的亮度与对比度。

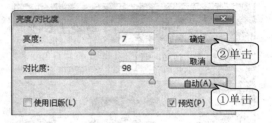

图 3-38　调整亮度与对比度

3. **调整自然饱和度**　选择"图像"→"调整"→"自然饱和度"命令，按图 3-39 所示操作，调整图像的自然饱和度。

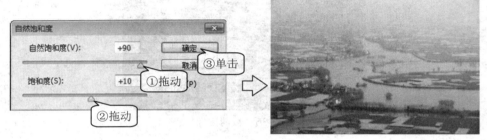

图 3-39　调整自然饱和度

4. **保存文件**　按 Ctrl + S 键，保存图像为"响水涧(已调整).jpg"。

 知识库

1. "裁切"工具

在使用"裁切"工具的过程中，可对"裁切"选框进行调整，具体方法如下。

● 如果要将选框移动到其他位置，将鼠标指针移至定界框内，按下鼠标左键并拖曳。

● 如果要缩放选框，可拖曳选框的控制柄；如果要约束比例，在拖曳四角的控制柄时按住 Shift 键。

● 如果要旋转选框，将鼠标指针放在定界框外(指针变为弯曲的箭头)并拖曳。如果要移动选框旋转时所围绕的中心点，则拖曳位于定界框中心的圆。

2. 调整图像色彩

调整图像色彩是指对图像的亮度、对比度、色彩饱和度等进行合理的调整，达到改善图像质量的目的。在 Photoshop 中，色彩调整命令集中在"图像"菜单的"调整"子菜单中，以下是本例用到的色彩调整命令。

● "亮度/对比度"命令：是对图像的色调范围进行简单整体调整的最简单方法，该命令一次调整图像中的所有像素(高光、暗调和中间调)。值为 0 时，原图像的亮度

和对比度保持不变；值为正时，增加图像的亮度或对比度；值为负时，减小图像的
亮度或对比度。

- "自然饱和度"命令：用来控制饱和度的自然程度。当数值增加时，会智能地增大
  色彩浓度较淡的部分，浓度较大的部分不会有太大变化。同样，减少数值时，会智
  能地减少色彩浓度较大的部分，这样整个画面的浓度就很接近，感觉非常自然。

3.3.3　修复图像

拍摄的照片有时会存在一些难以避免的缺陷，如照片中出现了一些破坏画面的实物、
因拍摄角度问题导致画面物体变形等。利用 Photoshop 软件，可以对这些有缺陷的照片进
行修复，以解决拍摄过程中难以避免的问题。

实例 8　修复照片瑕疵

如图 3-40(a)所示为相机拍摄的照片"香格里拉.jpg"，可以看出该照片上方有三根电线，
右下方有一根竹竿，影响了画面的美观，图 3-40(b)所示为修复后的照片效果。

(a)　修复前图像　　　　　　　　　　　(b)　修复后图像

图 3-40　修复图像前后对比

照片中的电线比较细小，可利用"污点修复画笔"工具 将其清除；照片中的竹竿其
背景不太复杂，可选用"仿制图章"工具 将其抹去。

 跟我学

清除电线

对于电线等较为细小的物体，可使用修复画笔工具进行清除，使用该工具后，
Photoshop 软件会在清除细小物体后将清除区域进行颜色的融合，保证画面过渡自然。

1. **打开图片**　运行 Photoshop 软件，找到并打开图像素材文件"香格里拉.jpg"。
2. **放大图像**　按图 3-41 所示操作，放大图像并移动浏览区域。

图 3-41　放大图像

3. **清除第 1 根电线**　按图 3-42 所示操作，清除画面上方第 1 根电线的左边部分。移动图像浏览位置，用同样的方法清除第 1 根电线的剩余部分。

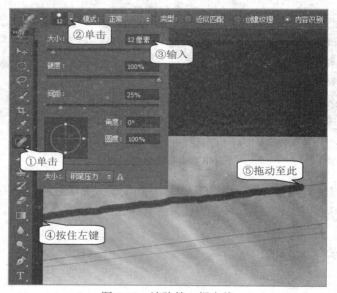

图 3-42　清除第 1 根电线

4. **清除其余电线**　选择画笔大小为 10 像素，用第 3 步同样的方法，分别清除下方的第 2 根与第 3 根电线。最终效果如图 3-43 所示。

图 3-43　清除全部电线后的效果

　　下方的 2 根电线应当选择较细的画笔，一根一根地清除，这样做的目的是为了保证画面过渡自然，减少除电线之外的画面发生变化。

清除木棍

对于清除背景不太复杂的画面区域中的物体，可以使用"仿制图章"工具，将附近的画面覆盖到需要清除的位置，从而清除物体。

1. **缩放视图**　按住空格键，拖动鼠标，将浏览区域确定在有木棍的位置，再按住 Alt 键，滚动鼠标滚轮，适当缩放视图大小，效果如图 3-44 所示。

图 3-44　缩放视图

2. **设置取样点**　按图 3-45 所示操作，在木棍周边设置取样点。

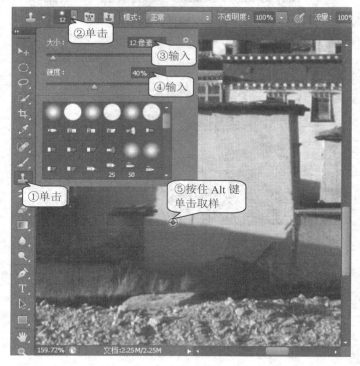

图 3-45　设置取样点

3. **涂抹木棍**　按图 3-46 所示操作，涂抹木棍所在的区域。

图 3-46　涂抹木棍

　　由于取样点设置在明暗交界处，因此涂抹的起点也应当在明暗交界处，这样可以保证涂抹后的图像区域中的明暗交界线不会发生错位。

4. **保存文件**　按 Ctrl + S 键，保存图像为"香格里拉(已修复).jpg"。

知识库

1. "污点修复画笔"工具

相当于仿制图章和修复画笔的综合作用。它不需要定义采样点，在想要消除的地方涂抹即可，适合消除画面中的细小部分。

2. "仿制图章"工具

"仿制图章"工具就像一个"复印机"，可以对图像的某一局部区域进行采样，并且将它复制到另外一个区域中去。复制的图像和原来的图像能很好地结合，看不出有明显的边界。

实例 9　校正透视变形

如图 3-47(a)所示为相机拍摄的照片"毛泽东手书唐李牧诗.jpg"，因为拍摄的角度而形成了透视现象，图像中碑石上的诗句左侧小、右侧大，产生了变形。图 3-47(b)所示为校正透视变形后的照片效果。

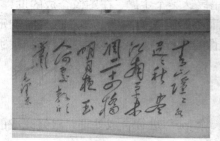
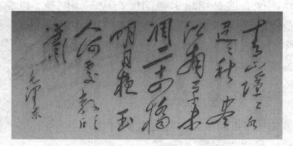

(a) 修复前图像　　　　　　　　　　　　(b) 修复后图像

图 3-47　校正透视变形前后对比

 跟我学

1. **打开图片**　运行 Photoshop 软件，找到并打开图像素材文件"毛泽东手书唐李牧诗.jpg"。
2. **选择工具**　按图 3-48 所示操作，选择"透视裁剪"工具。

图 3-48　选择工具

3. **进行裁剪**　按图 3-49 所示操作，对图像完成透视裁剪。

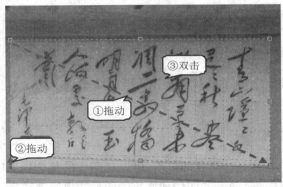

图 3-49　进行裁剪

4. **保存文件**　按 Ctrl + S 键，保存图像为"毛泽东手书唐李牧诗(已修复).jpg"。

3.3.4　合成图像

图像合成是指将多幅图像合成一幅图像，以突出表达某个主题。在图像合成的过程中，需要将各图像素材存放在不同的图层中独立处理，而不影响其他图层，多个图层叠加形成最终的合成作品。为了达到特殊的效果，在合成图像的过程中，还可以为图层添加蒙版，设置图层样式。

实例 10　合成宣传画

如图 3-50 所示为将图像素材"鸽子.jpg"与"长城.jpg"进行合成处理，最终完成的宣传画作品"中国腾飞.psd"。

图 3-50　宣传画完成效果图

图像合成的一般流程：确定主题→选择素材→素材拼接→修饰作品。本案例先制作背景，然后根据主题将所选素材进行拼接，并利用"蒙版"工具修改拼接痕迹，最后添加文字完成作品。

 跟我学

制作背景

新建图像文件后，使用"油漆桶"工具对"背景"图层进行填充，再对"背景"图层添加滤镜，完成"镜头光晕"效果。

1. **新建文件** 运行 Photoshop 软件，选择"文件"→"新建"命令，按图 3-51 所示操作，创建一个图像文件"中国腾飞.psd"。

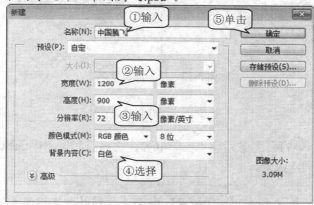

图 3-51 新建文件

2. **填充背景** 按图 3-52 所示操作，填充背景色为#0080ff。

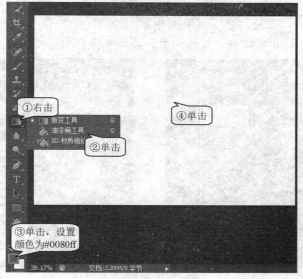

图 3-52 填充背景

3. **添加滤镜效果**　选择"滤镜"→"渲染"→"镜头光晕"命令，按图 3-53 所示操作，为背景添加"镜头光晕"效果。

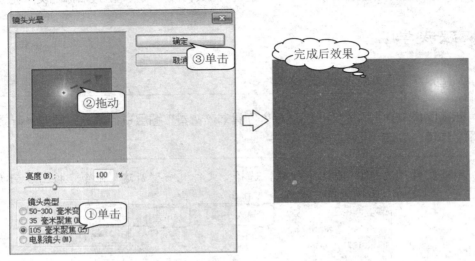

图 3-53　添加滤镜效果

设置蒙版

　　在 Photoshop 中打开图像素材"长城.jpg"，将其复制到"中国腾飞"图像中，再利用图层蒙版创建融入效果。

1. **打开文件**　选择"文件"→"打开"命令，找到并打开图像文件"长城.jpg"。
2. **复制图像**　选择"选择"→"全部"命令，再选择"编辑"→"拷贝"命令，复制选区内图像。
3. **粘贴图像**　关闭"长城"图像，返回"中国腾飞"图像窗口，选择"编辑"→"粘贴"命令，将复制的图像粘贴到当前图像中。
4. **重命名图层**　按图 3-54 所示操作，重命名"图层 1"为"长城"，按 Enter 键确认。

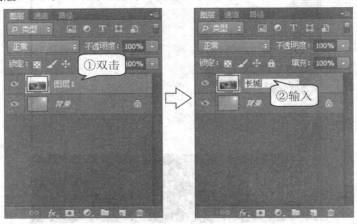

图 3-54　重命名图层

5. **缩放图像** 选择"编辑"→"自由变换"命令，按图 3-55 所示操作，调整图像大小和
位置，按 Enter 键确认。

图 3-55 缩放图像

6. **设置图层蒙版** 保持"长城"图层的选中状态，按图 3-56 所示操作，设置图层蒙版。

图 3-56 设置图层蒙版

抠图合成

在 Photoshop 中打开图像素材"鸽子.jpg"，将仅有鸽子的图像区域抠取出来，复制
到"中国腾飞"图像中，并对其设置图层样式。

1. **打开文件** 选择"文件"→"打开"命令，找到并打开图像文件"鸽子.jpg"。
2. **设置工具选项** 按图 3-57 所示操作，选择"魔棒"工具，并设置其选项。

图 3-57　设置工具选项

3. 选择图片背景　按图 3-58 所示操作，选择图片背景区域。

图 3-58　选择图片背景

4. 反选选区　选择"选择" → "反向"命令，选中图 3-59 所示的区域。

图 3-59　选中鸽子图像区域

5. **复制图像**　选择"编辑"→"拷贝"命令，复制选区内的图像。
6. **粘贴图像**　关闭"鸽子"图像，返回"中国腾飞"图像窗口，选择"编辑"→"粘贴"
命令，粘贴到当前图像中。
7. **图层命名**　在"图层"面板中双击新增的图层名称，重命名为"鸽子"。
8. **调整图像**　选择"编辑"→"变换"→"水平翻转"命令，再选择"编辑"→"自由
变换"命令，调整图像大小和位置，按 Enter 键确认，效果如图 3-60 所示。

图 3-60　调整图像后的效果

添加文字

在 Photoshop 中为"中国腾飞"图像添加文字标题，设置文字格式，并设置文字图
层的图层样式。

1. **输入文字**　按图 3-61 所示操作，输入图像标题。

图 3-61　输入文字

2. **增加文字间距** 按图 3-62 所示操作，选中标题文字，增大文字间距。

图 3-62 增加文字间距

3. **设置文字变形** 按图 3-63 所示操作，选中标题文字，设置文字变形。

图 3-63 设置文字变形

4. **保存文件** 按 Ctrl + S 键，保存图像文件为"中国腾飞.psd"。

知识库

1. 图层

图层就像透明胶片，透过没有图像的部分可以看到下层的内容，将多个图层叠加起来，可以组成一幅图像，如图 3-64 所示。各图层的内容是相对独立的，可以对不同图层上的图像进行独立的加工操作，而不影响其他图层中的内容。在"图层"面板中，上面图层中的画面会遮挡住下面的图层画面。

图 3-64　图层合成效果

2. 图层蒙版

图层蒙版是 Photoshop 软件中的一个方便实用的功能，可以用它来遮盖住图像中不需要的部分，从而控制图像的显示效果。图层蒙版是灰度图像，图层蒙版中的黑色区域使图层图像完全隐藏；白色区域是让图层图像完全显示；从黑色到白色过渡的"灰色地带"则是让图层图像半透明显示。蒙版合成效果如图 3-65 所示。

图 3-65　蒙版合成效果

3. "滤镜"工具

滤镜主要用来实现图像的各种特殊效果，在 Photoshop 中具有非常神奇的作用。它不仅可以改善图像的效果，还可以掩盖其缺陷，产生许多特殊的效果。滤镜可以反复连续应用。

4."魔棒"工具

"魔棒"工具可以选择颜色一致的区域。用"魔棒"工具可以创建一个新选区，添加到已有选区，从已有选区中减去或同已有选区交叉。

- 容差：该选项表示颜色的选取范围。值越小，选取的颜色越接近，选取范围越小。
- 连续的：表示只选择相邻区域相同的颜色，否则，同一种颜色的所有像素都将被选中。
- 用于所有图层：表示要选择所有可见图层中的相同颜色区域。

3.3.5 综合处理图像

在创作图像作品过程中，往往需要结合图像采集、图像处理过程中的多种技巧，对图像进行一系列的处理，以完成一幅完整的图像作品。

实例11 创作舞会招贴画

如图 3-66 所示为利用图像素材"背景.jpg"、"面具.jpg"、"人影.jpg"与"星光.jpg"，最终创作出的舞会招贴画。

图 3-66 舞会招贴画效果图

本实例是根据"大学生举办圣诞舞会"这个主题，利用 Photoshop 软件对图像进行加工处理的综合应用。制作流程：构思规划→选择素材→制作作品(制作背景、添加主体内容和输入文字)→保存作品。

 跟我学

制作背景

用 Photoshop 打开"背景.jpg"，复制"星光.jpg"图像，使用"人影.jpg"图像为"星光"图层添加图层蒙版。

1. **安装字体** 打开素材文件夹，在文件 "FZKATJW.TTF" 上右击，选择 "安装" 命令，安装 "方正卡通简体" 字体。
2. **打开文件** 运行 Photoshop 软件，选择 "文件" → "打开" 命令，找到并打开图像文件 "背景.jpg"，用同样的方法再打开图像文件 "星光.jpg"。
3. **复制图像** 在 "星光" 图像窗口中，选择 "选择" → "全部" 命令，再选择 "编辑" → "拷贝" 命令，复制选区内图像。
4. **粘贴图像** 关闭 "星光" 图像，返回 "背景" 图像窗口，选择 "编辑" → "粘贴" 命令，将复制的图像粘贴到当前图像中。
5. **重命名图层** 重命名 "图层 1" 为 "星光"，按 Enter 键确认。
6. **添加图层蒙版** 保持 "星光" 图层选中状态，按图 3-67 所示操作，添加图层蒙版。

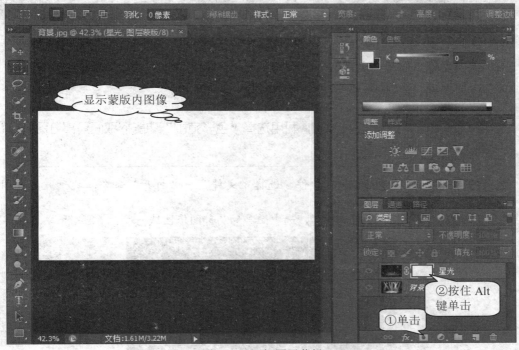

图 3-67 添加图层蒙版

7. **复制蒙版图像** 选择 "文件" → "打开" 命令，找到并打开图像文件 "人影.jpg"，选择 "选择" → "全部" 命令，再选择 "编辑" → "拷贝" 命令，复制选区内图像。
8. **粘贴蒙版图像** 关闭 "人影" 图像，返回 "背景" 图像窗口，选择 "编辑" → "粘贴" 命令，将复制的图像粘贴到蒙版图像中。
9. **设置蒙版图像** 选择 "图像" → "调整" → "反相" 命令，按图 3-68 所示操作，完成蒙版图像的设置。

图 3-68　设置蒙版图像

10. **保存文件**　选择"文件"→"存储"命令，保存图像文件为"舞会招贴画.psd"。

抠取图像

　　用 Photoshop 打开"面具.jpg"，利用选择"色彩范围"功能抠取面具部分图像，并复制到"舞会招贴画"中。

1. **打开文件**　运行 Photoshop 软件，选择"文件"→"打开"命令，找到并打开图像文件"面具.jpg"。
2. **选择区域**　按图 3-69 所示操作，选中面具的局部图像区域。

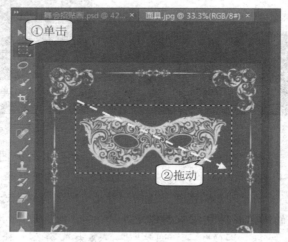

图 3-69　选择区域

3. **选择色彩范围**　选择"选择"→"色彩范围"命令，按图 3-70 所示操作，选中设定的色彩范围中的图像区域。

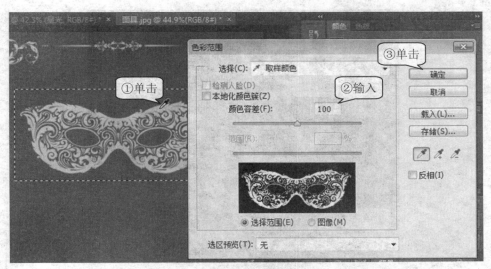

图 3-70 选择色彩范围

4. **复制图像** 选择"编辑"→"拷贝"命令，复制选区内图像。

5. **粘贴图像** 关闭"面具"图像，返回"舞会招贴画"图像窗口，选择"编辑"→"粘贴"命令，将复制的图像粘贴到当前图像中。

6. **重命名图层** 重命名"图层 1"为"面具"，按 Enter 键确认。

7. **自由变换** 选择"编辑"→"自由变换"命令，按图 3-71 所示操作，调整图像大小、位置与角度后，按 Enter 键确认。

图 3-71 自由变换

8. **填充颜色** 选择"选择"→"载入选区"命令，在弹出的对话框中单击"确定"按钮，按图 3-72 所示操作，在选区内填充渐变色。

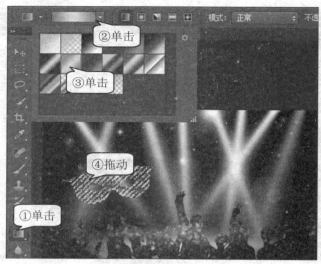

图 3-72　填充颜色

9. **设置"外发光"效果**　选择"图层"→"图层样式"→"外发光"命令，按图 3-73 所示操作，为"面具"图层设置"外发光"效果。

10. **设置"投影"效果**　参照第 9 步操作方法，为"面具"图层添加"投影"效果，完成效果如图 3-73 所示。

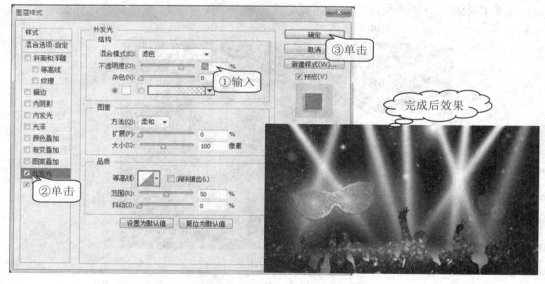

图 3-73　设置图层样式后的效果

添加文字

　　在 Photoshop 中为**"舞会招贴画"** 图像添加活动单位、活动主题、活动时间及地点等文字内容，设置各部分文字格式，并设置各部分文字图层的图层样式。

1. **绘制路径** 按图 3-74 所示操作，绘制椭圆路径。

图 3-74 绘制路径

2. **输入文字** 按图 3-75 所示操作，输入文字"圣诞假面舞会"。

图 3-75 输入文字

3. **设置图层样式** 选择"图层"→"图层样式"→"投影"命令，在对话框中单击"确定"按钮。

4. **添加其他文字** 单击"横排文字工具" $\boxed{T}$，在图像上方输入"2015 年方舟理工大学工学院土木工程系"，在图像右下方输入"时间：圣诞前夜 20:25 地点：系活动中心 主办：系学生会"，完成后效果如图 3-76 所示。

字体：方正卡通 大小：40 点
字体颜色：0c6a02
图层样式：描边 白色

字体：黑体 大小：32 点
字体颜色：ffffff
图层样式：描边 黑色

图 3-76　添加其他文字

5. **保存文件** 按 Ctrl + S 键，保存图像文件。

 知识库

1. 文本工具

Photoshop 中的文本工具包括"文字"工具和"文字蒙版"工具，其中"文字"工具包括横排文字和直排文字，用于输入横向或纵向文本。"文字蒙版"工具包括横排文字蒙版和直排文字蒙版，用于创建横向或纵向文字蒙版，从而创建出文字形状的选区。

2. 路径文字

Photoshop 中的路径文字功能可以使文字沿路径排列，从而更加方便文字的编排。如为舞会招贴画添加的标题"圣诞假面舞会"，就是利用路径文字技术制作的，效果如图 3-76 所示。

3. 图层样式

利用"图层"→"图层样式"菜单中的"投影"、"内阴影"、"外发光"、"内发光"、"斜面与浮雕"等子菜单命令，或单击"图层"调板中的 $\boxed{fx}$ 按钮，选择其下拉菜单中的各选项，可以快速制作出如图 3-77 所示的各种图层样式。

- 投影：在当前图层内容之后加上阴影，产生投影效果。
- 内阴影：在当前图层内容上加上内阴影，产生凹陷的效果。
- 外发光：在当前图层内容四周加上阴影，产生发光的效果。
- 内发光：在当前图层内容内部加上阴影，产生内间发光的效果。
- 斜面与浮雕：在当前图层内容之上加上凸起、凹陷的效果。

投影　　　　内投影　　　　外发光　　　　内发光　　　斜面与浮雕

图 3-77　图层样式

第4章

计算机动画制作技术

如今，计算机动画的应用领域十分广泛，无论是让应用程序更加生动，增添多媒体的感官效果，还是应用到游戏开发或动画片中，它已经渗透到人们生活的方方面面。计算机生成的动画是虚拟的，画面中的物体并不需要真正去建造，但是要求具备充分的想象力，使多媒体更加直观、风趣幽默以及富有表现力。

本章主要介绍动画的基本概念和基本原理，以及所选择的动画制作工具——Flash 软件的使用方法。

本章内容:
- 动画基础知识
- 动画制作工具
- 制作简单动画
- 制作交互动画

4.1　动画基础知识

简单来说，动画是使一幅图像"活"起来的过程。使用动画可以清楚地表现出一个事件的过程，或是展现一个活灵活现的画面。动画是通过连续多格的胶片播放一系列画面，从而产生动态视觉的技术和艺术，这种视觉是通过将胶片以一定的数率放映体现出来的。

4.1.1　动画基本原理

动画就是把人物的表情、动作、变化等分解后画成许多动作瞬间的画幅，每个画面之间都有一些细微的改变，再以一定的速度切换画面，给视觉造成连续变化的图画。

动画是借助人的"视觉暂留"特性产生的，科学实验证明人的眼睛看到一幅画或一个物体后，这个物体的影像仍会在人眼的视网膜上保留 0.1～0.4 秒左右。利用这一原理，在一幅画还没有消失前播放下一幅画，就会给人造成一种流畅的视觉变化效果。

实验 1　小鸟关进笼子

如图 4-1 所示，在一把扇子的一面画一个鸟笼，在其另一面画上一只唱歌的小鸟，当转动扇柄则会看到在笼子里唱歌的小鸟。

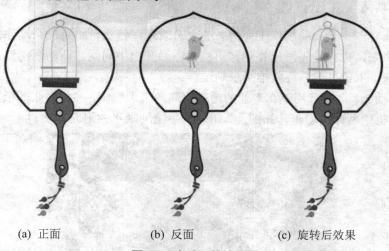

(a) 正面　　　　　　　　(b) 反面　　　　　　　　(c) 旋转后效果

图 4-1　实验 1 的效果图

实验 2　视觉效应

如图 4-2 所示，注视(a)图中心的 4 个黑点，保持 15 秒～30 秒，然后朝着身边的白墙眨眼睛，将会看到(b)图的头像。

(a)　　　　　　　　　　　　　　　(b)

图 4-2　实验 2 的效果图

4.1.2　动画常见类型

随着计算机图形学的不断发展，计算机在动画制作中发挥的作用越来越大，形成了如今的计算机动画技术，其大致可分为传统动画和计算机动画两大类，而按照不同方式又可以具体细分成多种动画类型。

1．传统动画

传统动画有着一系列的制作工序，首先要分解动画镜头，将每一个动作的关键及转折部分先设计出来，也就是先画出原画，再根据原画画出中间画，即动画；然后还需要经过一张张地描线、上色；最后逐张拍摄录制过程。

- 手绘动画：动画师用笔在专业的透明度高的纸上绘制，并将多张图纸拍成胶片放入电影机中制作出动画，如图 4-3 所示为手绘动画"大闹天宫"。

图 4-3　"大闹天宫"手绘动画

- 皮影戏：又称"影子戏"或"灯影戏"，是一种用蜡烛或燃烧的酒精等光源照射兽皮或纸板做成的人物剪影以表演故事的民间戏剧，如图 4-4 所示为"华县皮影"。

图 4-4　华县皮影

● 水墨动画：水墨动画称得上是中国动画的一大创举，它将中国水墨画技法作为人物造型和环境空间造型的表现手段，运用动画拍摄的特殊处理技术把水墨画形象构图逐一拍摄下来，通过连续放映形成浓淡虚实活动的水墨画影像的动画片，如图 4-5 所示为"小蝌蚪找妈妈"水墨动画。

图 4-5　"小蝌蚪找妈妈"水墨动画

● 折纸动画：折纸动画源于手工制作，是将硬纸片或彩纸折叠、粘贴，制作成各种立体人物和立体背景，然后采用逐格拍摄的方法记录下来，通过连续放映形成活动的影片。图 4-6 所示为第一部折纸动画"聪明的鸭子"。

图 4-6　"聪明的鸭子"折纸动画

- 木偶动画：木偶动画是在借鉴木偶戏的基础上发展起来的。动画片中的木偶一般采用木料、石膏、橡胶、塑料、钢铁、海绵和银丝关节器制成，以脚钉定位，拍摄时将一个动作依次分解成若干个环节，用逐格拍摄的方法记录下来，通过连续放映形成活灵活现的影像。图 4-7 所示为"神笔马良"和"阿凡提的故事"两部木偶动画。

"神笔马良"木偶动画　　　　　　　　　"阿凡提的故事"木偶动画

图 4-7　木偶动画

2. 计算机动画

计算机动画综合了计算机图形学，特别是真实感图形生成技术、图像处理技术、运动控制原理、视频显示等技术，借助于编程或动画制作软件生成一系列的景物画面，其动画原理与传统动画基本相同，采用连续播放静止图像的方法产生物体运动的效果。

计算机动画所生成的是一个虚拟的世界，具有传统动画无法比拟的震撼的视觉效果。

- 二维动画：二维画面是平面上的画面，在纸张、照片或计算机屏幕上显示，无论画面的立体感有多强，终究只是在二维空间上模拟真实的三维空间效果。它将事先手工绘制的原动画输入计算机，由计算机帮助完成绘线上色的工作，并且计算和生成中间帧、定义和显示运动路径，从而产生一些特技效果，控制完成记录工作，如图 4-8 所示为"喜羊羊与灰太狼"二维动画。

图 4-8　"喜羊羊与灰太狼"二维动画

● 三维动画：三维动画又称 3D 动画，借助三维动画软件在计算机中首先建立一个虚拟的世界，然后在虚拟的三维世界中按照要表现的对象的形状尺寸建立模型以及场景，再根据要求设定模型的运动轨迹、虚拟摄影机的运动和其他动画参数，最后按要求为模型赋上特定的材质，并打上灯光，再让计算机自动运算，生成最后的动画，如图 4-9 所示为"功夫熊猫"三维动画。

图 4-9　"功夫熊猫"三维动画

4.1.3　动画文件格式

动画文件在计算机中有不同的存储格式，不同的动画制作软件可以产生不同的文件格式，目前应用最广泛的动画文件格式有以下几种。

1. GIF 文件格式(.gif)

大家都知道，GIF 图像由于采用了无损数据压缩方法中压缩率较高的 LZW 算法，文件尺寸较小，因此被广泛采用。GIF 动画格式可以同时存储若干幅静止图像并进而形成连续的动画，目前 Internet 上大量采用的彩色动画文件多为这种格式的 GIF 文件。很多图像浏览器如"豪杰大眼睛"等都可以直接观看此类动画文件。

2. FLIC 文件格式(.fli/.flc)

FLIC 是 Autodesk 公司在其出品的 2D、3D 动画软件中采用的彩色动画文件格式，FLIC 是 FLC 和 FLI 的统称。其中，FLI 是最初的基于 320×200 像素的动画文件格式，而 FLC 则是 FLI 的扩展格式，采用了更高效的数据压缩技术，其分辨率也不再局限于 320×200 像素。FLIC 文件采用行程编码(RLE)算法和 Delta 算法进行无损数据压缩，首先压缩并保存整个动画序列中的第一幅图像，然后逐帧计算前后两幅相邻图像的差异或改变部分，并对这部分数据进行 RLE 压缩，由于动画序列中前后相邻图像的差别通常不大，因此可以得到相当高的数据压缩率。它被广泛用于动画图形中的动画序列、计算机辅助设计和计算机游戏应用程序。

3．SWF 文件格式(.swf)

SWF 是 Macromedia 公司的产品 Flash 的矢量动画格式，它采用曲线方程描述其内容，而不是由点阵组成内容，因此这种格式的动画在缩放时不会失真，非常适合描述由几何图形组成的动画，如教学演示等。由于这种格式的动画可以与 HTML 文件充分结合，并能添加 MP3 音乐，因此被广泛地应用于网页上，成为一种"准"流式媒体文件。

4．AVI 文件格式(.avi)

AVI 是对视频、音频文件采用的一种有损压缩方式，该方式的压缩率较高，并可将音频和视频混合到一起，因此尽管画面质量不是太好，但其应用范围仍然非常广泛。AVI 文件目前主要应用在多媒体光盘上，用来保存电影、电视等各种影像信息，有时也出现在 Internet 上，供用户下载、欣赏新影片的精彩片段。

5．MOV、QT 格式(.mov)

MOV、QT 都是 QuickTime 的文件格式，该格式支持 256 位色彩，支持 RLE、JPEG 等领先的集成压缩技术，提供了 150 多种视频效果和 200 多种 MIDI 兼容音响和设备的声音效果，能够通过 Internet 提供实时的数字化信息流、工作流与文件回放。国际标准化组织(ISO)最近选择 QuickTime 文件格式作为开发 MPEG4 规范的统一数字媒体存储格式。

6．虚拟现实动画(VR)

VR 是一项综合集成技术，涉及计算机图形学、人机交互技术、传感技术、人工智能等领域，它用计算机生成逼真的三维视、听、嗅觉等感觉，使人作为参与者通过适当装置，自然地对虚拟世界进行体验和交互作用。

4.1.4　动画质量指标

衡量计算机动画的质量，一般有帧速度、画面大小、图像质量以及数据率等指标，下面详述各个指标含义。

1．帧速度

所谓帧速度就是表示 1 秒钟的动画内包含几帧静态画面，或者说 1 秒钟动画播放几帧。一般情况下，动画的帧速度为每秒 30 帧或者每秒 25 帧。

2．画面大小

动画的画面大小一般在 320×240 至 1280×1024 像素大小范围之间。画面的大小与图像质量和数据量有直接的关系，一般情况下，画面越大、图像质量越好，则数据量越大。

3．图像质量

图像质量的好坏直接影响动画效果，也对动画数据量有较大影响。图像质量和压缩比有很大关系，一般情况下，压缩比较小时对图像质量影响不大，但当压缩比超过一定的数值后，将会明显看到图像质量下降。因此，在制作动画时，要对图像质量和数据量进行适当折中的选择。

4．数据率

帧动画的数据率是指帧速度与每帧图像数据量的乘积。如果一幅图像为 1MB，则每秒的数据量将达到 25 或 30MB，即数据率为 25MB/s 或 30MB/s。尽管经过压缩后数据率将减少几十倍，但由于数据量太大致使计算机、显示器速度跟不上，因此只能减少数据率或提高计算机的运算速度。

可通过降低帧速度或减小画面大小的方法来减少数据率。

4.2　动画制作工具

目前，用于开发制作计算机动画的软件有很多，其中二维动画制作软件有 Animator Pro、Switch、Retas Pro、Flash 等；三维动画制作软件有 3DS MAX、MAYA、Softimage 3D 等，本节将着重介绍 Adobe Flash Professional CC 2014 的工作界面和基本功能。

4.2.1　Flash CC 2014 工作界面

运行 Adobe Flash professional CC 2014，新建空白 Flash 文档，打开如图 4-10 所示的工作界面。Flash CC 2014 由菜单栏、工具箱、浮动面板、舞台、时间轴等组成。

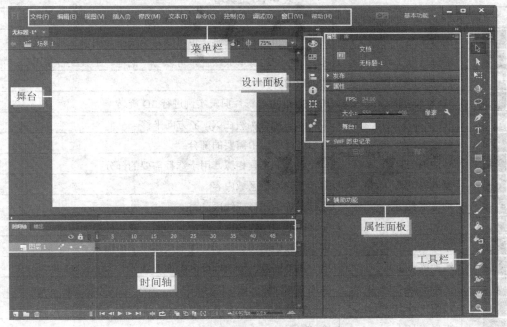

图 4-10　Flash CC 2014 工作界面

Adobe Flash professional CC 2014 预制了几种工作区，有"动画"、"传统"、"调试"、"设计人员"、"开发人员"、"基本功能"、"小屏幕"等，根据不同人员需求可选择不同的工作区，甚至可以自定义工作区，如按图 4-11 所示操作，切换成"传统"工作区。

图 4-11　切换工作区

1. 工具箱

默认情况下，工具箱共列出 28 个工具，主要用于绘制矢量图以及选择、控制舞台实例，较之前版本新增了"宽度工具"，工具具体描述见表 4-1 所示。

表 4-1　工具箱

图　标	名　　称	具　体　描　述
	选择工具	选择图形和文本的工具，也可以调整线条与图形工具弧度
	部分选取工具	选中图形的边缘形成路径，可以与"钢笔"工具配合使用
	任意变形工具	撤销当前操作
	3D 旋转工具	在 AS 3.0 中对影片剪辑实例进行 3D 旋转
	3D 平移工具	实现影片剪辑实例在 X，Y 方向平移
	套索工具	自由选择图形中需要的部分
	多边形工具	与"套索"工具相似，用于选择需要的部分
	魔术棒工具	用于选择同色区域内容
	钢笔工具	绘制精确的图形或线段
	添加锚点工具	配合钢笔工具的使用，给绘制的图形或路径添加锚点
	删除锚点工具	用于删除钢笔工具绘制的图形或路径上的锚点
	转换锚点工具	用于拖动锚点，修改线段为圆弧形状
	文本工具	添加文本内容
	线条工具	绘制直线
	矩形工具	绘制矩形

(续表)

图 标	名 称	具 体 描 述
	基本矩形工具	绘制矩形或圆角矩形，配合选择工具可以对圆角进行精确调整
	椭圆工具	绘制椭圆
	基本椭圆工具	绘制椭圆、扇形、环形，配合选择工具可以调整扇形和环形外形
	多边形工具	绘制多边形，利用属性面板可调整多边形的边数
	铅笔工具	自由绘制线条，可在辅助选项中选择"伸直""平滑""墨水"
	刷子工具	列举出各种类型的笔，以及绘制颜色、线型等属性
	颜料桶工具	给图形填充颜色
	墨水瓶工具	修改图形笔触(边框)颜色，或为填充区域添加笔触
	滴管工具	吸取图形的颜色
	橡皮擦工具	擦除图形
	宽度工具	对绘制的图形，可调整线条的局部宽度
	手形工具	移动舞台显示区域
	缩放工具	缩放舞台显示大小

2. 时间轴

时间轴用于组织和控制文档内容在一定时间内播放的图层数和帧数，如图 4-12 所示。

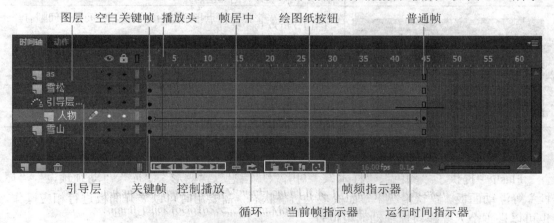

图 4-12 "时间轴"面板

- 图层：图层就像堆叠在一起的透明膜一样，每个图层都包含一些显示在舞台上的人物对象，可以在一个图层上绘制和编辑对象，而不会影响其他图层上的对象，如果图层上没有内容，可以在舞台上透过该图层看到下面的图层内容。
- 帧：是进行 flash 动画制作的最基本的单位，在时间轴上的每一帧都可以包含需要显示的所有内容，包括图形、声音、各种素材和其他多种对象。
- 关键帧：用来定义动画变化、更改状态的帧，即编辑舞台上存在实例对象并可对其进行编辑的帧，在时间轴的影格处呈现一个实心圆点。同一层中，在前一个关键帧的后面任一帧处插入关键帧，便可复制前一个关键帧上的对象，并可对其进行编辑操作。

- 空白关键帧：当舞台中没有任何内容的关键帧就是空白关键帧，时间轴上影格处呈现一个空心圆点。
- 普通帧：在时间轴上能显示实例对象，但不能对实例对象进行编辑操作的帧。同一层中，在前一个关键帧的后面插入普通帧，只是延续前一个关键帧上的内容，不可对其进行编辑操作。
- 过渡帧：过渡帧其实也是普通帧，过渡帧中包括了许多帧，但其前面和后面要有两个帧，即起始关键帧和结束关键帧。利用过渡帧可以制作两类补间动画，即运动补间和形状补间，而且不同颜色代表不同类型的动画，详细情况见表 4-2。

表 4-2　过渡帧类型

过渡帧形式	说　明
	补间动画用一个黑色圆点指示起始关键帧，中间的补间帧为浅蓝色背景
	单个关键帧后面的浅灰色帧包含无任何变化的相同内容，用于延长动画主体在起始关键帧的状态
	传统补间动画用一个黑色圆点指示起始关键帧，中间的补间帧有一个浅紫色背景的黑色箭头
	形状补间用一个黑色圆点指示起始关键帧，中间的补间帧有一个浅绿色背景的黑色箭头
	虚线表示传统补间是断开的或者是不完整的，多为丢失结束关键帧导致
	关键帧上的 a 标志

3. 常用面板

Flash 中提供了"颜色"、"样本"、"对齐"、"信息"、"变形"、"库"、"动画预设"、"属性"等浮动面板。默认情况下，面板多为折叠状态，需要用时可以展开面板进行相应操作，也可以根据个人操作习惯拖动面板位置。

4.2.2　绘制图形

Flash CC 可用来绘制矢量图形，其工具箱中包括"铅笔"、"线条"、"矩形"、"刷子"、"钢笔"等基本绘图工具，以及"选择"、"部分选取"、"套索"、"滴管"、"橡皮擦工具"等辅助绘图工具。

实例 1　绘制百事可乐标志

如图 4-13 所示,百事可乐标志外形呈现圆形,圆内部分由三色组成,其中红蓝对比强烈,曲线形成律动感,具有柔美轻快、自命不凡的气质。

图 4-13　百事可乐标志

制作本案例的图形标志,首先绘制一个无填充色的圆,再使用直线和添加锚点工具绘制两条曲线,将圆分成三部分,然后分别填充颜色,最后将两条辅助线条删除即可。

 跟我学

1. **新建文档**　运行 Flash CC 2014 软件,新建空白文档,按图 4-14 所示操作,设置舞台属性。

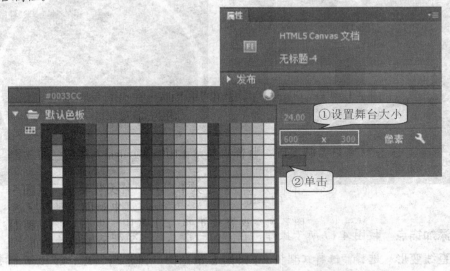

图 4-14　设置舞台大小、背景

2. **绘制圆形**　按图 4-15 所示操作,在舞台中绘制一个无填充色的圆。

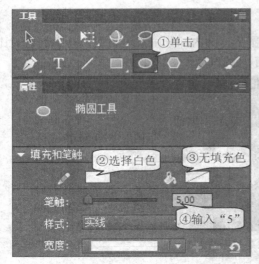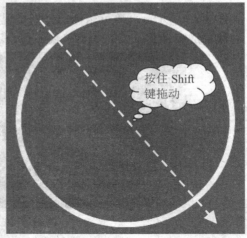

图 4-15　绘制圆形

3. **绘制直线**　按图 4-16 所示操作，在合适位置分别绘制两条直线横穿舞台中的圆。

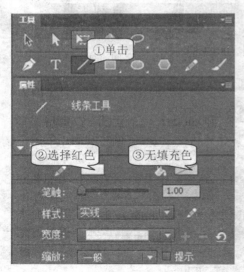

图 4-16　绘制两条直线

4. **添加锚点**　按图 4-17 所示操作，在下面一条直线上添加一个锚点。

5. **直线变形**　选择"选择工具" ，移动鼠标指针靠近绘制的直线，当鼠标指针变成 时，按图 4-18 所示操作拖动，分别使两条直线变成曲线。

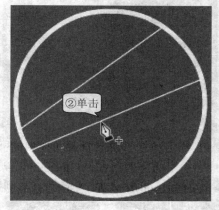

图 4-17　添加锚点

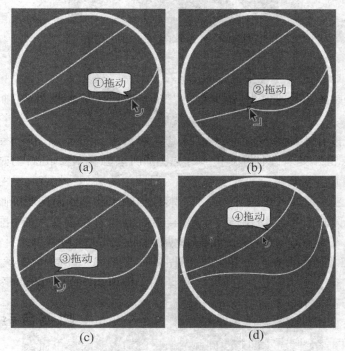

图 4-18　直线变形

6. **填充颜色**　选择"颜料桶工具" ，分别将圆中 3 部分填充为红色、白色、蓝色，效果如图 4-19 所示。

图 4-19　填充三色效果

7. **删除线条**　选择"选择工具"，按图 4-20 所示操作，分别删除 2 条辅助线条。

图 4-20　删除辅助线条

8. **新建图层**　按图 4-21 所示操作，新建一个新图层用于输入百事可乐 Logo 文字标志。

图 4-21　新建文字图层

9. **添加文字**　选择"文本工具"，在舞台中输入"PEPSI"文字标志，并在属性面板中设置字体格式，效果如图 4-22 所示。

图 4-22　添加 PEPSI 文字效果

　　　　为了设计出更出众的作品，选择一个合适的字体会使作品增色不少，系统默认字体库中的字体不多，许多时候需要下载安装好看的字体。

10. 保存输出　选择"文件"→"保存"命令进行保存，再选择"文件"→"导出"→"图像"命令，将作品输出为 jpg 格式。

 知识库

1. 矢量图

矢量图使用线条构图，它们通过数学公式计算获得，因此计算机保存的是数学公式，而非线条和图像的信息，所以矢量图与分辨率、文件大小无关，所绘图形无论放大、缩小或旋转都不会失真。

2. Flash 滤镜/混合模式

使用 Flash 滤镜(图形效果)，可以为文本、按钮和影片剪辑增添有趣的视觉效果。Flash 所独有的一个功能是可以使用补间动画让应用的滤镜动起来。表 4-3 描述了 Flash 中滤镜的一些特效及说明。

表 4-3　Flash 滤镜

特 效 名 称	说　　　明
投影滤镜	模拟对象投影到一个表面的效果。使投影滤镜倾斜，可创建一个更逼真的阴影
模糊滤镜	可以柔化对象的边缘和细节。将模糊应用于对象，可以让它看起来好像位于其他对象的后面，或者使对象看起来好像是运动的
发光滤镜	可以为对象的周边应用颜色
斜角滤镜	为对象应用加亮效果，使其看起来凸出于背景表面
渐变发光滤镜	可以在发光表面产生带渐变颜色的发光效果。渐变发光要求渐变开始处颜色的 Alpha 值为 0。不能移动此颜色的位置，但可以改变该颜色

(续表)

特 效 名 称	说　　　明
渐变斜角滤镜	可以产生一种凸起效果，使得对象看起来好像从背景上凸起，且斜角表面有渐变颜色。渐变斜角要求渐变的中间有一种颜色的 Alpha 值为 0
调整颜色滤镜	可以改变影片剪辑元件的亮度、对比度、饱和度、色相

4.2.3　创建元件

元件是构成 Flash 动画所有因素中最基本的元素，包括 3 种类型：图形元件、按钮元件和影片剪辑元件。不同的元件类型具有不同的特点，元件只需创建一次，然后即可在整个文档或其他文档中重复使用，合理地使用元件是制作 Flash 动画的关键。

实例 2　制作播放按钮

按钮元件是 Flash 的基本元件之一，配合 Action Script 响应鼠标事件，执行制定的动作，是实现动画交互效果的灵魂。按钮有特殊的编辑环境，通过在 4 个不同状态的帧上创建关键帧，可以指定不同的按钮状态，如图 4-23 所示。

图 4-23　播放按钮的 4 个状态

本例用 Photoshop 软件制作不同颜色的按钮背景，导入到 Flash 的"库"面板中，然后新建按钮元件，并且在按钮元件的时间轴上添加 4 个关键帧，将不同颜色的按钮背景对应这 4 帧分别拖放到舞台中。

 跟我学

1. **新建文档**　运行 Flash CC 2014 软件，新建空白文档。
2. **导入素材**　选择"文件"→"导入"→"导入到库"命令，按图 4-24 所示操作将按钮素材导入到"库"面板中。
3. **新建元件**　选择"插入"→"新建元件"命令，按图 4-25 所示操作，新建"播放按钮"按钮元件。

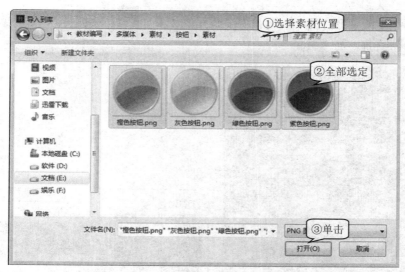

图 4-24　导入素材到"库"

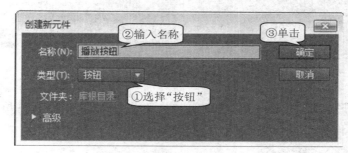

图 4-25　新建"按钮"元件

4. **制作"弹起"帧**　打开"库"面板，按图 4-26 所示操作，从"库"面板中选择"橙色按钮"拖入到舞台中。

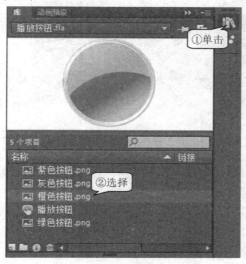

图 4-26　制作"弹起"帧

5. **选择"多角星形工具"** 选择"多角星形工具" 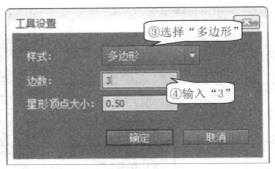，按图 4-27 所示操作，设置要绘制的三角形的参数。

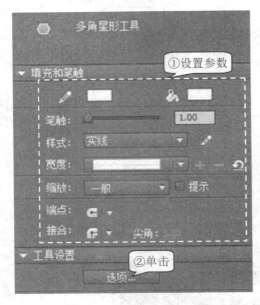

图 4-27 设置"多角星形工具"参数

6. **绘制三角形** 在"橙色按钮"中心区域拖动鼠标指针，按图 4-28 所示绘制三角形形状的播放标志。

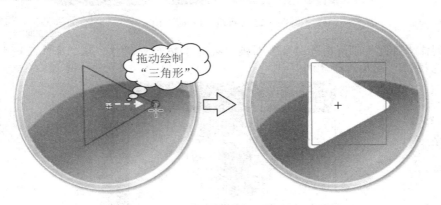

图 4-28 拖动绘制三角形

7. **制作"指针经过"帧** 选择时间轴"指针经过"帧，按 F6 键插入关键帧，按图 4-29 所示操作添加"紫色按钮"。

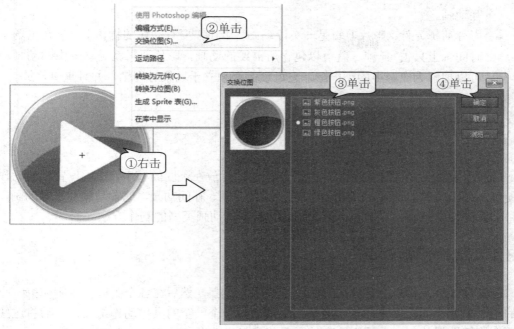

图 4-29　制作"指针经过"帧

8. **制作 3、4 两帧**　分别在"图层 1"的第 3、4 两帧处按 F6 键，插入两个关键帧，然后交换位图为"绿色按钮"和"灰色按钮"。

> 　　多数情况下，控制动画的按钮只需三种状态，即"弹起"、"指针经过"、和"按下"，而"点击"状态用的不太多。

9. **保存文件**　选择"文件"→"保存"命令，保存文件。

 ### 知识库

1. 元件

元件是指可以重复利用的图形、动画片段或者按钮，它们被保存在"库"面板中。在制作动画的过程中，将需要的元件从"库"面板中拖动到场景上，场景中的对象即被称为该元件的一个实例。

2. 元件的类型

按照功能和类型的不同，元件可分成以下 3 种。

- 图形元件：通常用于存放静态的图像，也能用来创建动画，在动画中可以包含其他元件实例，但不能添加交互控制和声音效果。
- 按钮元件：对鼠标事件(如单击、滑过等)做出响应的交互元件，可以利用它实现交互动画。

- 影片剪辑元件：影片剪辑是一小段动画，用在需要有动作的物体上，它在主场景的时间轴上只占 1 帧，就可以包含所需要的动画，影片剪辑就是动画中的动画。也可以理解为电影中的小电影，它可以完全独立于场景时间轴，并且重复播放。

4.3　制作简单动画

Flash 动画是基于帧构成的，首先将不同的图片放在不同的帧中，然后设置帧的动作行为便可制作出简单的动画。Flash 动画包括逐帧动画、补间动画、遮罩动画和引导动画，每一种动画的特点都不同，本节着重介绍这几种基本动画类型的制作方法。

4.3.1　制作逐帧动画

逐帧动画就是将一个连续的动画分解成多个步骤，然后在各个关键帧中制作每一个步骤的动画内容，如此一来，一个复杂的动画便由一个一个的具体动作组成，最后将这些动作逐个连续地播放起来，原来分离的画看起来就"动"了。

实例3　绽放

用相机拍摄花儿绽放的瞬间，如图 4-30 所示列举了其中 3 张，快镜头播放记录的整组照片，动态展示花朵绽放的力量及其婀娜多姿之美。

图 4-30　绽放

制作本实例之前，首先需要将拍摄的若干张图片按花儿开放的次序命名，并全部导入到 Flash 的"库"面板中；然后选择第 1 帧，从"库"面板中拖入第 1 张图片，接着在第 2 帧插入一个关键帧并交换位图为第 2 张图片，以此类推，将所有图片添加到舞台中。

 跟我学

1. **新建文档**　运行 Flash CC 2014 软件，新建空白文档，设置舞台大小为 500×280 像素。

舞台大小的设置，一般取决于动画的内容或图片素材的大小，本例中的图片大小是 500×280 像素，因此这样设置使得图片能够完全显示。

2. **导入素材**　选择"文件"→"导入"→"导入到库"命令，将所有图片素材导入到"库"面板中。

3. **制作第 1 帧**　选择"图层 1"的第 1 帧，打开"库"面板，拖入位图"1"到舞台中，效果如图 4-31 所示。

图 4-31　拖入位图"1"到舞台

4. **设置对齐方式**　选定舞台中的位图，按图 4-32 所示操作，将位图与舞台中央对齐。

图 4-32　设置对齐方式

5. **制作第 2 帧**　在"图层 1"的第 2 帧，按 F6 键插入一个关键帧，复制第 1 帧内容，并按图 4-33 所示操作, 交换位图 "1" 为 "2" 即可。

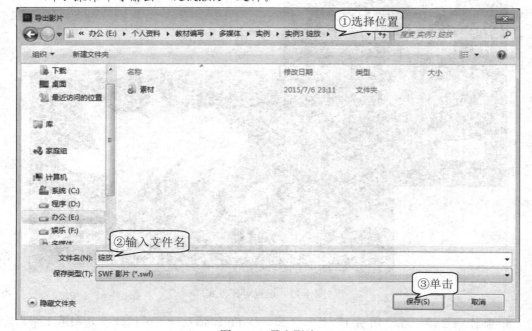

图 4-33　交换位图 "1" 为 "2"

6. **制作其他帧**　重复第 5 步操作, 依次插入关键帧, 然后交换位图, 完成其余关键帧的制作。

7. **测试影片**　选择 "控制" → "测试" 命令(或按 Ctrl+Enter 组合键), 测试动画效果。

8. **保存输出**　保存文件, 并选择 "文件" → "导出" → "导出影片" 命令, 按图 4-34 所示操作即可输出 "绽放.swf" 文件。

图 4-34　导出影片

4.3.2　制作传统补间动画

在 Flash 动画中，传统补间动画的应用最多，它与逐帧动画不同，只需编辑首尾两个关键帧上的对象，中间的变化过程由过渡帧来完成。其中，补间动画首尾两帧上的对象，必须是元件实例(图形、影片剪辑、按钮)，而且必须是同一个元件的实例。除此之外，组合体或文本也可作为制作运动补间动画的对象。

实例 4　升国旗

用 Flash 软件制作一段五星红旗缓缓升上旗杆的动画过程。画面中，湛蓝的天空被初升的太阳染黄了一片，微风轻轻吹动着五星红旗，迎着朝阳缓缓升至旗杆顶端，如图 4-35 所示。

图 4-35　升国旗

 跟我学

制作背景图层

动画的背景有天空、朝霞和升旗台，需要使用"矩形工具"绘制矩形，并利用径向填充给矩形填充蓝天和晨辉的色彩。

1. **新建文档**　运行 Flash CC 2014 软件，新建空白文档，设置舞台大小为 800×600 像素。
2. **重命名"图层 1"**　双击"图层 1"，将默认图层名称"图层 1"修改为"背景"。
3. **绘制矩形**　选择"矩形工具" ■ ，在舞台上绘制一个长 800、宽 300 的矩形。
4. **选择颜色**　按图 4-36 所示操作，选择蓝白线性渐变的颜色。
5. **填充颜色**　选择"颜料桶工具" 🖌 ，按图 4-37 所示操作，给绘制的矩形填充蓝白渐变颜色，完成蓝色天空的背景制作。
6. **绘制"朝霞"**　绘制一个长 800、宽 260 的矩形，按图 4-38 所示操作，设置朝霞的渐变颜色。

图 4-36　选择蓝白线性渐变

图 4-37　填充颜色

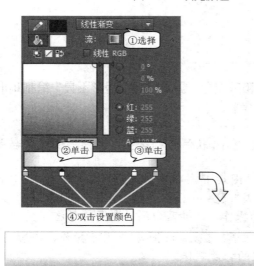

图 4-38　绘制"朝霞"

7. **添加升旗台** 选择"文件"→"导入"→"导入到舞台"命令，将升旗台图片导入
到舞台中，然后用"任意变形工具" 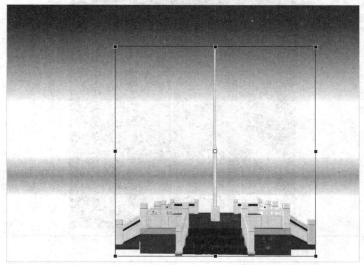 调整图片大小，效果如图 4-39 所示。

图 4-39 添加"升旗台"

制作飘扬的红旗

　　新建影片剪辑元件，导入所有红旗的位图素材，按照逐帧动画的制作方法，制作迎
风招展的五星红旗。

---

1. **新建元件** 选择"插入"→"新建元件"命令，按图 4-40 所示操作，新建"飘扬的
红旗"元件。

图 4-40 新建"飘扬的红旗"元件

2. **导入素材** 选择"文件"→"导入"→"导入到库"命令，全选红旗的位图导入到
"库"面板中。
3. **整理素材** 按图 4-41 所示操作，在"库"面板中新建文件夹，归类整理"库"面板
中的图片素材。

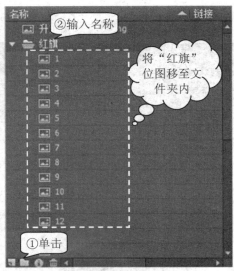

图 4-41　新建文件夹

4. **制作第 1 帧**　选择"图层 1"第 1 帧，从"库"面板中拖入第 1 张红旗图片，并对齐到舞台中央。

5. **制作第 2 帧**　选择"图层 1"第 2 帧，按 F6 键，插入关键帧，然后右击舞台中的图，选择"交换位图"命令，用第 2 张图替换。

6. **制作其他帧**　重复第 5 步的操作步骤，完成一个关键帧一张红旗图片，时间轴效果如图 4-42 所示。

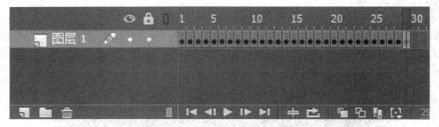

图 4-42　"飘扬的红旗"时间轴

制作升旗动画

　　新建"升旗"图层，将"飘扬的红旗"元件拖入旗杆起点，在第 100 帧插入关键帧，将"飘扬的红旗"元件的实例移动到旗杆顶端，创建传统补间动画即可。

1. **返回场景 1**　单击 场景 1 按钮，退出"飘扬的红旗"影片剪辑的编辑，返回到场景 1 中。

2. **新建图层**　按图 4-43 所示操作，新建一个图层，重命名为"升旗"。

图 4-43　新建"升旗"图层

3. **锁定"背景"层**　按图 4-44 所示操作，锁定图层，以防误修改"背景"图层内容。

图 4-44　锁定"背景"图层

4. **编辑第 1 帧**　选择"升旗"图层，打开"库"面板，从中拖动"飘扬的红旗"元件到舞台，调整大小和位置，如图 4-45 所示。

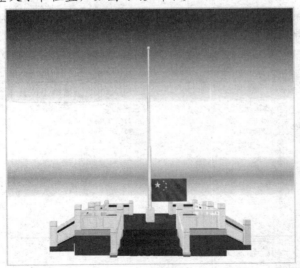

图 4-45　编辑第 1 帧

5. **编辑第 60 帧**　在"背景"图层第 60 帧按 F5 键，再选择"升旗"图层第 60 帧，按 F6 键插入关键帧，并将"红旗"移至旗杆顶端，如图 4-46 所示。

图 4-46　编辑第 60 帧

6. **创建传统补间**　在"升旗"图层时间轴中的第 1～60 帧任意位置右击，选择"创建传统补间"命令，效果如图 4-47 所示。

图 4-47　"升旗"图层时间轴

7. **导出影片**　保存文件，选择"文件"→"导出"→"导出影片"命令，按图 4-48 所示操作，导出影片。

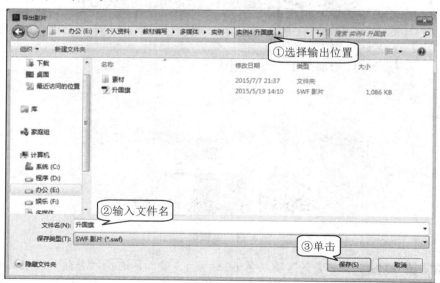

图 4-48　导出影片

知识库

1．图层的概念

图层就像透明的胶片一样，在舞台上一层层地向上叠加，可以在图层上绘制和编辑对象，而不会影响其他图层上的对象。在上一图层添加的内容，会遮住下一图层中相同位置的内容；如果上一图层的某个位置没有内容，则透过这个位置就可以看到下一图层中相同位置的内容。

2．图层的作用

- 将一个复杂的图形放置在不同的图层中，当编辑修改某一图层中的对象时，不会影响其他图层中的内容。
- 可以将一个大型动画分解成若干个小动画，将不同的动画放置在不同的图层上，各个小动画之间相互独立，从而组成一个大的动画。
- 利用一些特殊的图层还可以制作特殊的动画效果，如利用引导层可以制作引导动画，利用遮罩层可以制作遮罩动画。

3．图层的基本操作

- 新建图层：用鼠标单击图层控制区左下角的"新建图层"按钮■或选择"插入"→"时间轴"→"图层"命令，即可在"图层 1"之上增加一个图层，默认名称为"图层 2"。
- 选择图层：在图层控制区用鼠标单击某图层即选定了该图层，并以反相颜色显示。此时若按住 Shift 键，再选择其他图层，则可以同时选择多个图层。
- 重命名图层：动画一般有多个图层，为了能更方便编辑，需要重命名图层。只要在图层控制区用鼠标双击某个图层名称，然后直接输入新的图层名称即可。
- 复制图层：选中要复制的图层，右击，选择"复制图层"命令即可。也可以选择"拷贝图层"命令，再右击，选择"粘贴图层"命令进行图层复制。
- 删除图层：选中要删除的图层，单击图层控制区左下角的"删除图层"按钮■便可删除此图层。或者拖动需要删除的图层至"删除图层"按钮处也可删除图层。
- 改变图层顺序：图层是有顺序的，上层的内容会遮盖下层的内容，下层内容只能通过上层透明的部分显示出来，因此，常常需要重新调整图层的排列顺序。要改变图层的顺序，只需用鼠标拖住该图层，然后向上或向下拖到合适的位置即可。

4.3.3　制作运动补间动画

Flash CC 2014 软件中的运动补间动画不同于传统补间动画，其一，创建方法不同；其二，运动补间动画可以改变运动的路径。

实例 5　秘密花园

在秘密花园里，姹紫嫣红的花儿散发着阵阵诱人的芳香，几只色彩斑斓的蝴蝶静静地伏在花蕊上，一位小女孩站在花园小路上，安静地望着一只蝴蝶发呆。这时，一只勤劳的蜜蜂飞来了，一会儿落在这朵花上，一会儿又落到了那朵花上……如图 4-49所示。

图 4-49　秘密花园

本例中的花园、蝴蝶和小女孩作为动画的背景，都是静止不动的，唯一运动的是蜜蜂，所以需要两个图层；蜜蜂的运动轨迹不是简单的一条线段，有多次转折，甚至有曲线运动，因此不能使用传统补间动画，对蜜蜂创建运动补间动画即可完成此动画。

 跟我学

制作背景图层

　　动画的背景有花园、蝴蝶和小女孩，首先导入"花园"背景图，然后将"图层1"命名为"背景"，再把"花园"图片拖到舞台中央。

1. **新建文档**　运行 Flash CC 2014 软件，新建空白文档，设置舞台大小为 800×600像素。
2. **导入素材**　选择"文件"→"导入"→"导入到库"命令，将所需的素材全部导入到"库"面板中。
3. **整理素材**　打开"库"面板，新建文件夹命名为"蜜蜂"，并将所有"蜜蜂"位图素材移动到此文件夹中。
4. **重命名图层**　双击"图层1"，将默认名称"图层1"重命名为"背景"。
5. **制作"背景"层**　打开"库"面板，拖动"花园.jpg"图片至舞台，并对齐到舞台中央，然后在第 200 帧按 F5 键。

　　动画中的蜜蜂是挥着翅膀飞舞的，因此首先需要新建一个影片剪辑元件，完成蜜蜂挥动翅膀的逐帧动画。

1. **新建元件**　选择"插入"→"新建元件"菜单命令，新建一个"蜜蜂挥翅"影片剪辑元件。
2. **重命名图层**　选择"蜜蜂挥翅"元件的"时间轴"面板上的"图层 1"，将默认的图层名称更改为"蜜蜂"。
3. **制作第 1 帧**　选择"蜜蜂"图层第 1 帧，打开"库"面板，将第 1 张蜜蜂位图拖到舞台上，并对齐到舞台中央。
4. **制作第 2 帧**　选择第 2 帧，按 F6 键插入一个关键帧，选中舞台中的蜜蜂图片，右击，选择"交换位图"命令，选择第 2 张蜜蜂位图。
5. **制作其他帧**　重复第 4 步的操作步骤，完成一个关键帧一张蜜蜂图片，时间轴效果如图 4-50 所示。

图 4-50　"蜜蜂"图层时间轴

　　蜜蜂从一朵花飞到另一朵花上，每两朵花之间创建一段运动补间动画，然后用"选择工具"调整运动路径。

1. **返回场景 1**　单击 场景 1 按钮，退出"蜜蜂挥翅"影片剪辑的编辑，返回到场景 1 中。
2. **新建图层**　在图层控制区中单击"新建图层"按钮，新建一个图层，重命名为"蜜蜂采蜜"。
3. **编辑 1~10 帧**　选中"蜜蜂采蜜"图层第 1 帧，从"库"面板中选择"蜜蜂挥翅"元件到舞台中，然后在第 10 帧按 F5 键。
4. **创建补间动画**　选中"蜜蜂采蜜"图层第 11 帧，按 F6 键插入一个关键帧，再按图 4-51 所示操作，创建运动补间动画，然后在第 30 帧处插入关键帧。

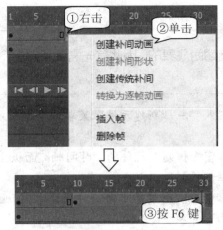

图 4-51　创建运动补间动画

5. **调整蜜蜂位置**　选中"蜜蜂采蜜"图层第 30 帧，按图 4-52 所示操作，调整蜜蜂位置，实现"蜜蜂挥翅"元件实例位置属性的变化。

图 4-52　创建运动补间动画

6. **继续创建补间**　按照上述方法，分别在第 31～80 帧、第 81～120 帧、第 121～200 帧之间创建运动补间动画，蜜蜂运动的轨迹如图 4-53 所示。

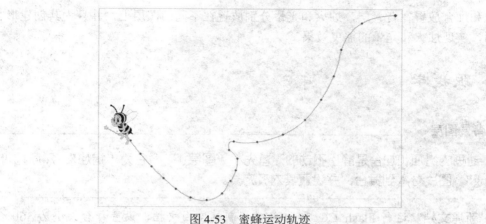

图 4-53　蜜蜂运动轨迹

7. **导出影片**　按 Ctrl+S 键保存文件，选择"文件"→"导出"→"导出影片"命令，导出动画到指定文件夹。

4.3.4　制作形状补间动画

形状补间动画用于创建形状变化的动画效果。在 Flash CC 时间轴上创建两个关键帧，在其中一个关键帧上绘制一个形状，并在另一个关键帧上更改此形状或绘制另一形状，Flash 会根据两个关键帧对象的属性创建补间，实现两个图形之间形状、大小、颜色、位置的变化过程。

实例 6　摇曳的烛火

燃烧的蜡烛，其烛火随风没有规律地左右摇晃，而且烛火四周散发着淡淡的光晕，把火焰团团围住，并且随着火焰一起摇曳，效果如图 4-54 所示。

图 4-54　"摇曳的烛火"动画效果

本实例中的蜡烛和烛台是静止的，而烛火和光晕都是运动的，所以共需 3 个图层，其中蜡烛和烛台放置在背景层，烛火和光晕分别放置在不同的图层上，并且为其创建形状补间动画，实现烛火和光晕的摇曳效果。

 跟我学

制作背景图层

> 动画的蜡烛和烛台是静止不动的，首先将"图层 1"命名为"蜡烛"，然后把"蜡烛.jpg"图片导入到舞台，并设置其对齐方式。

1. **新建文档** 运行 Flash CC 2014 软件，新建空白文档，设置舞台大小为 360×500 像素。
2. **重命名图层** 双击"图层 1"，将其默认名称重命名为"蜡烛"。
3. **导入到舞台** 选择"文件"→"导入"→"导入到舞台"命令，选择"蜡烛.jpg"文件导入到舞台。
4. **对齐到舞台** 选择舞台中的蜡烛图片，按图 4-55 所示操作，将蜡烛图片对齐到舞台中央。

图 4-55　对齐到舞台

5. **插入普通帧** 选择"蜡烛"图层第 40 帧，按 F5 键插入普通帧，延续背景的状态。

制作烛火效果

> 为了模拟烛火摇晃的效果，绘制出几种烛火形态的图形，放置在"烛火"图层的不同关键帧上，再分别创建形状补间动画。

1. **新建图层** 按图 4-56 所示操作，新建一个图层，重命名为"烛火"。

图 4-56 新建"烛火"图层

2. **绘制图形** 选中"烛火"图层第 1 帧,选择"椭圆工具" ⬭ ,按图 4-57 所示操作,在舞台上绘制一个椭圆形状。

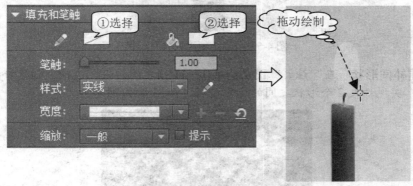

图 4-57 绘制"烛火"

3. **修改形状** 选择"选择工具" ▶ ,将鼠标指针移至椭圆边缘,待指针变成 ↘ 时,如图 4-58 所示,拖动鼠标改变其形状。

图 4-58 修改"烛火"形状

4. **插入关键帧** 选择"烛火"图层的第 11 帧,按 F6 键插入一个关键帧,再使用"选择工具" ▶ ,改变烛火的形状,如图 4-59 所示。

图 4-59　第 11 帧 "烛火" 形状

5. **创建补间形状**　在 "烛火" 图层的第 1～11 帧之间右击，选择 "创建补间形状" 命令，实现烛火 2 个形状之间的变化过程，如图 4-60 所示。

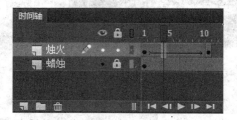

图 4-60　创建补间形状

6. **继续创建补间**　在 "烛火" 图层的第 21、31 帧分别插入关键帧，然后修改烛火的形状，最后创建两个补间形状动画，如图 4-61 所示。

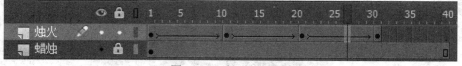

图 4-61　时间轴效果图

7. **插入普通帧**　选中 "烛火" 图层的第 40 帧，按 F5 键插入普通帧，延续烛火在第 31 帧的状态。

制作光晕效果

> 首先新建一个 "光晕" 图层，然后在 "光晕" 图层的第 1、11、21 帧插入关键帧，并绘制不同形状的光晕图形，实现 "光晕" 与 "烛火" 的形态能够同步变化。

1. **新建图层**　单击图层控制区的 "新建图层" 按钮，新建一个图层，将图层名称修改为 "光晕"。
2. **绘制图形**　选择 "椭圆工具"，在 "光晕" 图层第 1 帧上绘制一个椭圆，用来表示烛火的光晕。

3. **填充颜色**   选中绘制的光晕图形，按图 4-62 所示操作，给图形填充渐变的颜色，实现"光晕"的若隐若现的效果。

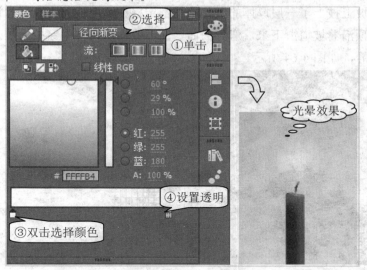

图 4-62   填充颜色

4. **插入关键帧**   选择"光晕"图层，在第 11、21、31 帧分别插入关键帧，然后分别修改"光晕"图形的形状。

5. **创建补间形状**   分别在第 1~10 帧、第 11~20 帧、第 21~30 帧之间创建补间形状，实现"光晕"形态的变化。

6. **插入普通帧**   选中"光晕"图层第 40 帧，按 F5 键插入普通帧，延续光晕在第 31 帧的状态。

7. **调整图层顺序**   为了使"烛火"在"光晕"之上，拖动鼠标指针调整两个图层的顺序，时间轴效果如图 4-63 所示。

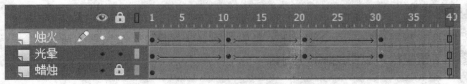

图 4-63   时间轴效果

8. **导出影片**   按 Ctrl+S 键保存文件，选择"文件"→"导出"→"导出影片"命令，导出动画到指定文件夹。

4.3.5   制作引导层动画

引导层动画是 Flash 常见的动画类型，用于实现一个对象沿着某条路径运动，它由引导层和被引导层两个图层组成，其中引导层用于放置对象运动的路径，被引导层用于放置运动的对象。在 Flash CC 2014(或之前版本)中制作沿着曲线运动的动画必须通过引导层动画来实现。

实例 7　滑雪

松树、山坡上披上了一层厚厚的雪，一切都定格在这个瞬间，宛若童话世界。这时，一个身影从山顶沿着坡道滑下来，弯弯曲曲，箭一般地从树林中穿梭而过，小熊的出现，打破了这份宁静，如图 4-64 所示。

图 4-64　"滑雪"动画效果

本实例中雪山、雪松都是静止的，小熊是沿着山坡穿梭在树林中，因此，小熊放置在一个图层上，树林放置在两个图层上，其中一个图层作为背景层，另一图层能够遮挡住小熊，实现小熊穿梭的效果，此外，小熊运动的路线需要一个图层，一共 4 个图层。

 跟我学

布置动画背景

　　动画的背景分布在两个图层上，首先将默认"图层 1"作为雪山背景层，再新建一个图层放置雪松，以便能够遮住小熊。

1. **新建文档**　运行 Flash CC 2014 软件，新建空白文档，设置舞台大小为 700×344 像素。
2. **导入素材**　选择"文件"→"导入"→"导入到库"命令，将"雪山.png"、"雪松.png"、"熊.png"导入到"库"面板中。
3. **编辑图层 1**　双击"图层 1"，将其重命名为"雪山"，然后从"库"面板中选择"雪山.png"图片拖到舞台中央。
4. **新建图层**　单击图层控制区中的"新建图层"按钮，新建一个图层，将图层名称修改为"雪松"。
5. **编辑雪松层**　选中"雪松"图层第 1 帧，打开"库"面板，两次拖入"雪松.png"图片至舞台，并调整其大小、位置，如图 4-65 所示。

图 4-65　"雪松"拖入舞台

6. **插入普通帧**　分别在"雪山"和"雪松"图层的第 45 帧，按 F5 键插入普通帧，延长第 1 帧的状态，时间轴效果如图 4-66 所示。

图 4-66　时间轴效果

编辑小熊图层

　　首先在"雪山"和"雪松"两个图层之间新建一个"小熊"图层，从"库"中将"小熊.png"拖入舞台并转换为元件，然后插入关键帧并创建传统补间。

1. **新建图层**　选中"雪山"图层，单击"新建图层"按钮，新建一个图层，将图层名称修改为"小熊"。
2. **编辑第 1 帧**　选中"小熊"图层，打开"库"面板，选择"小熊.png"图片拖入舞台，调整大小、位置。
3. **转换为元件**　在舞台中选择"小熊"图片，按 F8 键打开"转换为元件"对话框，按图 4-67 所示操作，把位图转换为元件。

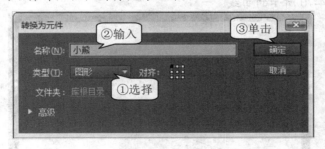

图 4-67　位图转换为元件

4. **编辑第 45 帧**　选中"小熊"图层第 45 帧，按 F6 键插入关键帧，然后在舞台中选择小熊，将其移动到山脚，如图 4-68 所示。

图 4-68　移动小熊位置

5. **创建传统补间**　选中"小熊"图层，在第 1～45 帧之间创建传统补间。

添加引导层

首先选中"小熊"图层，为其添加传统运动引导层，然后在引导层上绘制平滑曲线，引导小熊在曲线上运动。

1. **新建引导层**　选中"小熊"图层，右击，选择"添加传统运动引导层"命令，如图 4-69 所示。

图 4-69　新建"小熊"引导层

2. **绘制引导曲线**　选择"铅笔工具" ，修改铅笔模式为"平滑" ，然后在舞台中绘制如图 4-70 所示的曲线。

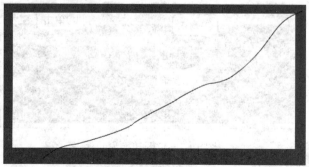

图 4-70　绘制引导曲线

3. **吸附到路径**　选择"小熊"图层第 1 帧，将"小熊"元件实例吸附到曲线起点，然后选择第 45 帧，将"小熊"元件实例吸附到曲线终点，如图 4-71 所示。

图 4-71　吸附到路径

4. **导出影片**　按 Ctrl+S 键保存文件，选择"文件"→"导出"→"导出影片"命令，导出动画到指定文件夹。

知识库

1．引导层

引导层是 Flash 引导层动画中用于绘制路径的图层。引导层中的线条可以为绘制的图形或对象定位，主要用来设置对象的运动轨迹。引导线不在动画中显现，所以它不会增加文件的大小，而且可以多次使用。

2．创建引导层

- 方法一：直接选择一个图层，右击，选择"添加传统运动引导层"命令，便可为该图层添加一个引导层。
- 方法二：新建一个图层，右击，选择"引导层"命令，使其自身变成引导层，再将其他图层拖曳到引导层中，使其归属于引导层。

4.3.6　制作遮罩动画

遮罩动画是 Flash 中的一个很重要的动画类型，很多效果丰富的动画都是通过遮罩动画来完成的。在 Flash 的图层中有一个遮罩图层类型，为了得到特殊的显示效果，可以在遮罩层中创建一个任意形状的"视窗"，遮罩层下方的对象可以通过该"视窗"显示出来，而"视窗"之外的对象将不会显示。

实例 8　旋转的地球

一张平面的、静止的世界地图，通过 Flash 技术能够制作出地球按照逆时针顺序自转的立体效果，如图 4-72 所示。

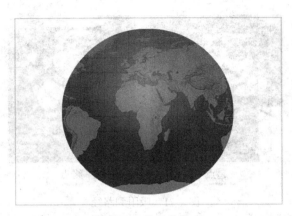

图 4-72　旋转的地球

　　本实例是典型的遮罩动画，首先需要一张世界地图，实际该动画就是世界地图从右向左移动的过程；然后创建圆形的遮罩层，透过"圆形"视窗看到地图的一部分，形如地球；为了使地球凸显立体效果，在顶层绘制了一个白色渐变的椭圆图形，作为"光照"。所以，本动画共有 3 个图层，"地图"层、遮罩层和"光照"层。

 跟我学

制作被遮罩层

　　首先导入世界地图素材，然后将地图转换成元件，在第 1 帧到第 80 帧之间创建传统补间动画。

1. **新建文档**　运行 Flash CC 2014 软件，新建空白文档，设置舞台大小为 550×400 像素。
2. **导入素材**　选择"文件"→"导入"→"导入到库"命令，将"世界地图.jpg"图片导入到"库"面板中。
3. **新建元件**　选择"插入"→"新建元件"命令，新建名为"地图"的图形元件。
4. **编辑元件**　进入"地图"元件，从"库"面板中拖动两个"世界地图.jpg"图片到舞台，组合在一起，如图 4-73 所示。

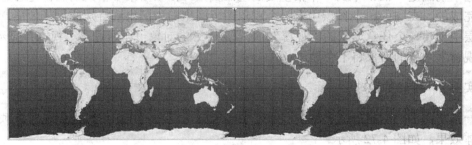

图 4-73　编辑"地图"元件

5. **编辑图层**　重命名"图层1"为"地图"，将"库"面板中的"地图"元件拖入舞台，对齐到舞台最左侧。

6. **插入关键帧**　在"地图"图层第 80 帧按 F6 键插入一个关键帧，移动"地图"位置，使其显示在舞台中的内容与第 1 帧相同，如图 4-74 所示。

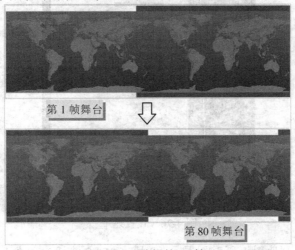

第 1 帧舞台

第 80 帧舞台

图 4-74　编辑第 80 帧

7. **创建补间**　在第 1～80 帧之间任意位置右击，选择"创建传统补间"命令，实现"地图"从右向左移动。

制作遮罩层

　　首先新建一个图层，命名为"地图遮罩"，然后在舞台中央绘制一个正圆形，以此遮挡下层的"地图"，最后把该普通图层改为遮罩层。

1. **新建图层**　单击图层控制区的"新建图层"按钮，新建一个图层，重命名为"地图遮罩"。

2. **绘制图形**　选择"椭圆工具" ，按图 4-75 所示操作，绘制正圆形，并对齐到舞台中央。

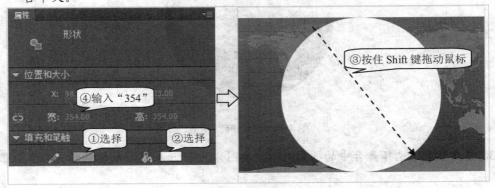

③按住 Shift 键拖动鼠标

④输入"354"

①选择　　②选择

图 4-75　绘制圆形

3. **设置遮罩**　选中"地图遮罩"图层，按图 4-76 所示操作，设置该图层为遮罩层。

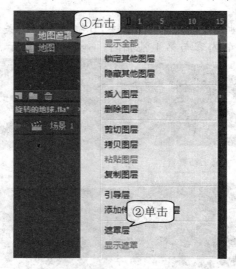

图 4-76　设置遮罩

4. **插入帧**　选中"地图遮罩"图层第 80 帧，按 F5 键插入一个普通帧。

制作光照效果

> 此时，遮罩动画已经制作完成，最后新建一个图层，在舞台上的地球上半部分绘制一个椭圆，填充渐变颜色，实现"光照"，凸显立体效果。

1. **新建图层**　单击图层控制区的"新建图层"按钮，新建一个图层，重命名为"光照"。
2. **绘制椭圆**　选择"椭圆工具"，在舞台上绘制一个椭圆，如图 4-77 所示。

图 4-77　绘制椭圆图形

3. **填充颜色**　选择舞台中的椭圆图形，按图 4-78 所示操作，给椭圆填充渐变效果。

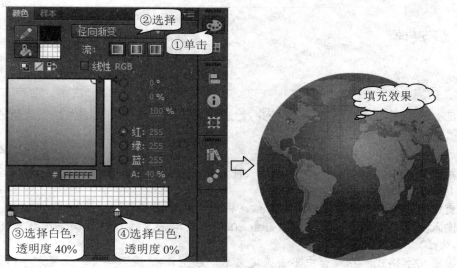

图 4-78　填充颜色

4. **导出影片**　保存文件，选择"文件"→"导出"→"导出影片"命令，导出动画到指定文件夹。

实例 9　放大镜

一个放大镜，从《多媒体技术及应用实例教程》书名的左侧移动到右侧，实现放大文字的效果，如图 4-79 所示。

图 4-79　"放大镜"动画效果

本实例也是遮罩动画类型的，不过与上例中的遮罩不完全一样，放大的文字在被遮罩层，原文字在背景层上，遮罩层并非"放大镜"，只是其内容与放大镜的镜片大小相同，运动完全同步。所以，此动画需要 4 个图层，即"背景"层、"放大文字"层、遮罩层和"放大镜"层。

跟我学

制作文字层

　　显示的文字内容和放大的文字内容分别放置在两个不同的图层上，首先输入原文字，然后新建图层输入放大的文字。

1. **新建文档**　运行 Flash CC 2014 软件，新建空白文档，设置舞台大小为 550×400 像素。
2. **重命名图层**　双击"图层1"名称，将其修改为"背景"。
3. **输入文字**　选择"文本工具" T ，在舞台中单击，输入"多媒体技术及应用实例教程"。
4. **设置文字格式**　在舞台中单击选定文本，按图 4-80 所示操作，设置文字格式。

图 4-80　设置文字格式

5. **复制图层**　选中"背景"图层，右击，选择"复制图层"命令，将复制的图层重命名为"放大文字"。
6. **修改文字格式**　选中"放大文字"图层，在舞台中单击选定文本，将文字大小修改为"40 磅"，字符间距修改为"0"。
7. **对齐到舞台**　依次设置"背景"图层和"放大文字"图层中文本的对齐方式，使文本内容相对于舞台水平居中。
8. **插入帧**　分别在"背景"图层和"放大文字"图层的第 100 帧按 F5 键，插入普通关键帧。

制作放大镜动画

　　在两个文字图层之间新建一个图层，命名为"放大镜"，在此图层上制作放大镜从左向右移动的动画。

1. **新建图层**　选中"背景"的层，单击"新建图层"按钮 ，新建一个图层，重命名为"放大镜"。
2. **新建元件**　选择"插入" → "新建元件"命令，按图 4-81 所示操作，创建一个"放大镜"图形元件。

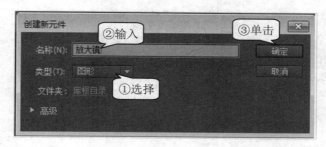

图 4-81　新建"放大镜"元件

3. **绘制镜面**　选择"椭圆工具" ⬭，按图 4-82 所示操作，在舞台中绘制出放大镜的"镜面"。

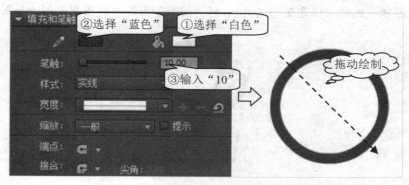

图 4-82　绘制镜面

4. **绘制直线**　选择"直线工具" ⬚，按图 4-83 所示操作，在舞台上绘制一条直线，作为把柄。

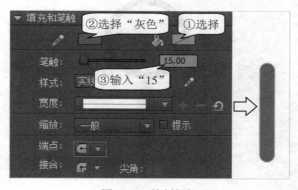

图 4-83　绘制把柄

5. **调整直线宽度**　选择"宽度工具" ⬚，按图 4-84 所示操作，调整直线宽度，制作把柄。

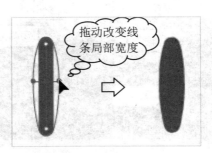

图 4-84　调整直线宽度

6. **复制图层**　选中"图层 1"，右击，选择"复制图层"命令，重命名复制图层的名称为"阴影"，并将"阴影"图层调整到"图层 1"之下。

7. **修改形状**　选择"任意变形工具"，将"阴影"图层中的图形变形，如图 4-85 所示。

图 4-85　修改形状

8. **改变颜色**　选择"阴影"图层上的图形，修改颜色，效果如图 4-86 所示。

图 4-86　改变颜色

9. **创建补间动画**　返回场景 1，选中"放大镜"图层，将"库"面板中的"放大镜"元件拖到舞台中，在第 1～100 帧之间创建补间动画。

制作遮罩层动画

　　首先新建一个图层，命名为"文字遮罩"层，绘制与放大镜镜片大小相同的圆形图形，创建形状补间，并设置该图层为遮罩层。

1. **新建图层**　选中"放大文字"图层，单击"新建图层"按钮 ，新建一个图层，重命名为"文字遮罩"。
2. **绘制圆形**　选择"椭圆工具" ，在"文字遮罩"图层上绘制出与放大镜镜片大小相同的圆形，如图 4-87 所示。

图 4-87　绘制遮罩圆形

3. **插入关键帧**　选中"文字遮罩"图层，在第 100 帧按 F6 键插入关键帧，调整图形位置，与"放大镜"图层第 100 帧中的放大镜镜片位置重合。
4. **创建补间形状**　在第 1～100 帧任意位置右击，选择"创建补间形状"命令。
5. **设置遮罩**　选中"文字遮罩"图层，右击，选择"遮罩层"命令，使"文字遮罩"图层遮罩"文字放大"图层。
6. **导出影片**　按 Ctrl+S 键保存文件，选择"文件"→"导出"→"导出影片"命令，导出动画到指定文件夹。

 知识库

1. 遮罩层

遮罩层至少有两个图层，上面的图层是"遮罩层"，下面的是"被遮罩层"，这两个图层中只有相互重叠的位置才会被显示。也就是说在遮罩层中有对象的地方是"透明"的，可以看到被遮罩层中的对象，而没有对象的地方则是不透明的，此时被遮罩层中相应位置的对象是看不见的。

也可以制作多层遮罩动画，就是指一个遮罩层同时遮罩多个被遮罩层的遮罩动画。通常在制作时，系统只默认遮罩层下的一个图层为被遮罩层。

2. 宽度工具

使用 Flash Professional CC 中的"宽度工具" 加深笔画，可为舞台上的图形加入不同形式和粗细的宽度。通过调节宽度，可以轻松地将简单的笔画转变为丰富的图案。

4.4　制作交互动画

交互动画是指在动画作品播放过程中，可以响应用户的命令请求，使用键盘、鼠标操作来控制动画的播放，或调转到动画的其他部分，从而实现动画播放中的各种控制，如停止、退出、选择、填空、控制音乐、链接、游戏控制等。

4.4.1　添加控制按钮

利用 Flash 软件制作交互式多媒体作品，一般要在作品中添加按钮来实现交互响应，而且需要结合 Action Script 指令来响应鼠标事件、执行指定的动作，从而实现控制动画的播放。

实例 10　按钮控制两球碰撞

此动画实现两球相撞的效果。打开动画时画面处于静止状态，动画中有两个按钮，一个是"播放"按钮，另一个是"复位"按钮，如图 4-88 所示，单击"播放"按钮时播放动画，单击"复位"按钮时画面将恢复到开始状态。

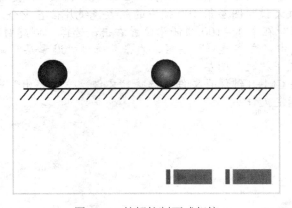

图 4-88　按钮控制两球相撞

制作红球与绿球相撞的动画，首先需要 2 个图层，分别制作"红球"和"绿球"的动作补间；然后在"背景"层上添加两个"按钮"，并且在按钮上添加代码，响应鼠标单击事件，实现"单击以转到帧并播放"和"单击以转到帧并停止"。

 跟我学

> **制作两球动画**
>
> 首先新建两个元件，分别绘制"红球"和"绿球"，然后返回场景 1，创建两个球的动作补间动画。

1. **新建文档**　运行 Flash CC 2014 软件，新建空白文档，设置舞台大小为 550×400 像素。
2. **新建元件**　选择"插入"→"新建元件"命令，新建一个"红球"图形元件。

3. **绘制图形**　选择"椭圆工具"，按图 4-89 所示操作，选择填充颜色，绘制出"红球"。

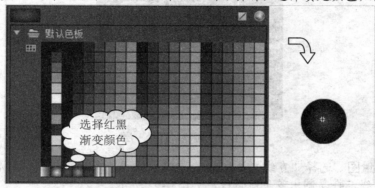

图 4-89　选择填充颜色并绘制图形

4. **复制元件**　打开"库"面板，选择"红球"元件，右击，选择"直接复制"命令，按图 4-90 所示操作，复制出"绿球"元件。

图 4-90　复制元件

5. **修改图形**　双击"绿球"元件进入编辑状态，在舞台中选定图形，选择绿黑渐变填充颜色，将复制的"红球"修改为"绿球"。

6. **创建红球动画**　返回场景 1，重命名"图层 1"名称为"红球"，在第 1～25 帧之间创建从左向右移动的补间动画，第 25～60 帧之间创建从右向左移动的补间动画。

7. **新建图层**　选中"红球"层，单击"新建图层"按钮 ，新建一个图层，重命名为"绿球"。

8. **创建绿球动画**　在第 1 帧处拖入"绿球"元件，在第 25 帧和第 60 帧处分别按 F6 键插入关键帧，然后在第 25～60 帧之间创建从左向右移动的补间动画。

制作按钮

　　首先新建一个图层作为背景层，绘制地面矢量图，然后新建一个按钮元件，制作"开始"按钮，再复制此按钮元件，修改为"复位"按钮。

1. **新建图层**　单击"新建图层"按钮 ，新建一个图层，重命名为"背景"，并将该图层移至最底层，如图 4-91 所示。

图 4-91　新建"背景"层

2. **绘制矢量图**　选择"直线工具" ，在舞台上画一条水平直线，然后按 Shift 键绘制短斜线，再复制出多条短斜线，如图 4-92 所示。

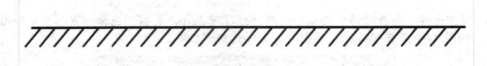

图 4-92　地面矢量图

3. **新建元件**　选择"插入"→"新建元件"命令，新建一个"开始"按钮元件，4 个关键帧状态如图 4-93 所示。

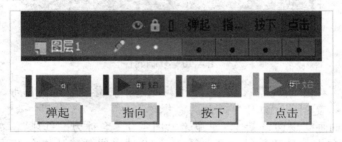

图 4-93　"开始"按钮

4. **复制元件**　打开"库"面板，选择"开始"按钮元件，右击，选择"直接复制"命令，按图 4-94 所示操作，复制出"复位"按钮元件。

图 4-94　复制元件

5. **修改元件**　双击"复位"元件进入编辑状态，将 4 个关键帧中按钮上的文字"开始"全部修改为"复位"，如图 4-95 所示。

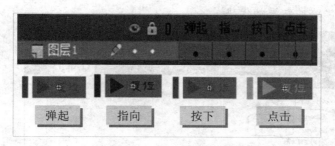

图 4-95　"复位"按钮

6. **编辑背景层**　返回场景 1，选中"背景"层，将"开始"和"复位"两个按钮元件拖放到舞台中的合适位置，然后在第 60 帧插入帧。

添加代码

　　首先新建一个图层作为 Actions 层，分别在第 1 帧和第 60 帧处添加 stop 指令，然后在两个按钮上添加鼠标事件，控制动画的开始和复位。

1. **新建图层**　选中"绿球"层，单击"新建图层"按钮 ，新建一个图层，重命名为 Actions。
2. **添加代码**　选中 Actions 层的第 1 帧，右击，选择"动作"命令，按图 4-96 所示操作添加停止指令。

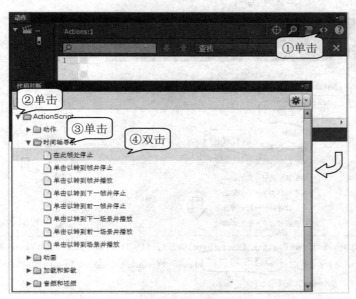

图 4-96　添加停止代码

3. **插入关键帧**　选中 Actions 层，在第 60 帧按 F6 键插入关键帧，然后按上述方法添加停止命令。
4. **添加开始代码**　在舞台上选中"开始"按钮，按 F9 键打开"动作"面板，按图 4-97

所示操作，给按钮添加代码。

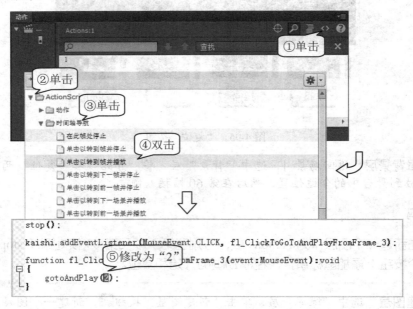

图 4-97　添加"开始"按钮代码

5. **添加复位代码**　在舞台上选中"复位"按钮，按 F9 键打开"动作"面板，按图 4-98
所示操作，给按钮添加代码。

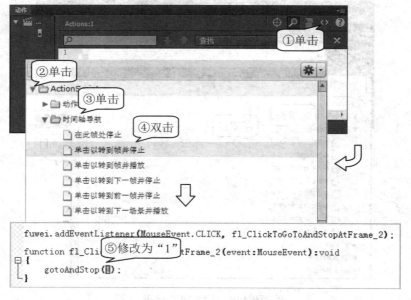

图 4-98　添加"复位"按钮代码

6. **导出影片**　按 Ctrl+S 键保存文件，选择"文件"→"导出"→"导出影片"命令，
导出动画到指定文件夹。

4.4.2　实现跳转转播

在 Flash 动画脚本中，控制影片播放的命令主要包括 play、stop、gotoAndPlay、gotoAndStop 等，本节将继续介绍如何通过这些命令实现动画的跳转转播。

实例 11　图片欣赏

一组美丽的风景图片，用 Flash 软件制作成精美的电子相册，画面下方一排小图是这组美图的缩略图，单击某张缩略图就会显示其大图，效果如图 4-99 所示。

图 4-99　美图欣赏

首先将准备的多张美图导入到"库"面板中，创建逐帧动画，一帧一幅风景图片，然后制作缩略图形式的按钮元件，通过触发按钮事件，控制动画播放第几帧画面。

 跟我学

> **制作逐帧动画**
>
> 首先将准备的风景图片导入到"库"面板中，然后将"图层 1"重命名为"风景图"，在"风景图"图层中创建逐帧动画。

1. **新建文档**　运行 Flash CC 2014 软件，新建空白文档，设置舞台大小为 1024×768 像素。
2. **导入图片**　选择"文件"→"导入"→"导入到库"命令，将准备的风景图片全部导入到"库"面板中。
3. **制作第 1 帧**　选中"图层 1"，并重命名为"风景图"，然后从"库"中拖动第 1 张图片并对齐到舞台。
4. **制作第 2 帧**　在"风景图"图层第 2 帧按 F6 键插入关键帧，再右击，选择"交换位图"命令，将第 1 张图片替换成第 2 张图。
5. **制作其他帧**　按照第 4 步的操作方法，依次在第 3~8 帧处插入关键帧并交换相应的位图。

　　首先用第 1 张图片制作成按钮元件，然后复制此按钮，替换按钮内容为第 2 张图片，以此类推，完成 8 个按钮元件，最后新建一个图层，并将缩略图放置在此层。

1. **新建元件**　选择"插入"→"新建元件"命令，新建一个"图 1"按钮元件。
2. **添加图片**　打开"库"面板，把"1.jpg"拖入舞台，再使用"任意变形工具"缩小图片，对齐到舞台中央。
3. **复制元件**　打开"库"面板，选择"图 1"按钮元件，右击，选择"直接复制"命令，并命名为"图 2"。
4. **交换位图**　选择舞台中的图片，右击，选择"交换位图"命令，将"1.jpg"替换为"2.jpg"，完成"图 2"按钮元件。
5. **制作其他元件**　重复 3、4 操作步骤，完成剩余 6 张缩略图按钮元件的制作。
6. **新建图层**　返回场景 1，单击"新建图层"按钮，新建"缩略图"图层。
7. **绘制矩形**　选择"矩形工具" ▨，在"缩略图"图层上绘制一个矩形，线条色为透明度 80% 的绿色，填充色为透明度 30% 的白色。
8. **排列缩略图**　打开"库"面板，依次将 8 个缩略图按钮拖入到舞台下方，并使用对齐工具对齐，效果如图 4-100 所示。

图 4-100　排列缩略图

　　首先新建一个图层作为 Actions 层，在第 1 帧添加 stop 指令，然后为各个缩略图按钮添加代码，控制动画跳转。

1. **新建图层**　选中"缩略图"图层，单击"新建图层"按钮▧，新建一个图层，重命名为 Actions。
2. **添加代码**　选中 Actions 图层第 1 帧，右击，选择"动作"命令，添加停止指令。
3. **跳转到第 1 帧**　在舞台上选定"图 1"缩略图按钮，按 F9 键打开"动作"面板，给按钮添加代码，如图 4-101 所示。

```
button_1.addEventListener(MouseEvent.CLICK, fl_ClickToGoToAndStopAtFrame);
function fl_ClickToGoToAndStopAtFrame(event:MouseEvent):void
{
    gotoAndStop(1);
}
```

图 4-101　"图 1"按钮代码

4. **跳转到第 2 帧**　在舞台上选定"图 2"缩略图按钮，按 F9 键打开"动作"面板，给按钮添加代码，如图 4-102 所示。

```
button_2.addEventListener(MouseEvent.CLICK, fl_ClickToGoToAndStopAtFrame_2);
function fl_ClickToGoToAndStopAtFrame_2(event:MouseEvent):void
{
    gotoAndStop(2);
}
```

图 4-102　"图 2"按钮代码

5. **跳转到其他帧**　以此类推，给其余 6 个缩略图按钮添加动作代码，实现相应的跳转。

6. **导出影片**　按 Ctrl+S 键保存文件，选择"文件"→"导出"→"导出影片"命令，
导出动画到指定文件夹。

知识库

1. ActionScript 3.0

ActionScript 是 Flash 面向对象的编程语言，它标志着 Flash Player Runtime 演化过程
中的一个重要阶段。设计 ActionScript 3.0 的意图是创建出一种适合快速构建效果丰富的互
联网应用程序的语言，这种应用程序已经成为 Web 体验的重要部分。

2. 基本控制语句

- stop()
作用：停止当前正在播放的动画，通常用于按钮控制影片剪辑或帧。
语法：stop();

- play()
作用：使停止(暂停)播放的动画继续播放，通常用于按钮控制影片剪辑或帧。
语法：play();

- gotoAndPlay()
作用：将播放头转到场景中指定的帧并从该帧开始播放；如果未指定场景，则播放头
将转到当前场景中的指定帧。
语法：gotoAndPlay([scene,]frame);

- gotoAndStop()
作用：将播放头转到场景中指定的帧并从该帧停止播放；如果未指定场景，则播放头
将转到当前场景中的指定帧。
语法：gotoAndStop([scene,]frame);

4.4.3　制作综合实例

本章前面通过实例详细介绍了 Flash 的基础知识和基本操作，以及制作动画的方法和
技巧，下面将综合运用 Flash 的绘图、制作元件、文字工具、逐帧动画、补间动画、编程
语言等技术，完成一个综合实例。通过该实例进一步熟悉 Flash 利用动作语句制作动画特

效的操作方法，以及独自完成实例创作的能力，加深对 Flash 动画制作方法的认识和提高。

实例 12　古诗欣赏

《江雪》是唐代诗人柳宗元的一首山水诗，本实例用动画呈现出一片幽静寒冷的江乡雪景，一叶小舟慢慢地漂在江面上，老渔翁独自在寒冷的江心垂钓，并且伴随着伴奏朗诵，让读者感受到天地之间是如此纯洁而寂静，如图 4-103 所示。

图 4-103　"古诗欣赏"动画效果

本实例是一个综合动画，整个动画由两个剪片剪辑构成，场景 1 的第 1 帧是封面动画，第 2 帧是主体动画。封面动画有"书写诗名"的逐帧动画和梅花飘落动画；主体动画中有小舟补间动画、诗文遮罩动画和雪花飞舞的动画。

 跟我学

制作封面动画

　　首先导入准备的图片素材，布置场景背景层，再制作"书写诗名"影片剪辑元件，然后拖入场景舞台。

1. **新建文档**　运行 Flash CC 2014 软件，新建空白文档，设置舞台大小为 600×400 像素。
2. **导入素材**　选择"文件"→"导入"→"导入到库"命令，将准备的所有图片和音乐素材导入到"库"面板中。
3. **整理素材**　打开"库"面板，在"库"中建立如图 4-104 所示的文件夹，并分类整理"库"中所有素材。

图 4-104　整理素材

4. **新建元件**　按 Ctrl+F8 键打开"创建新元件"对话框，新建"书写诗名"影片剪辑元件。

5. **输入文本**　选择"文本工具"，输入诗名"江雪"，并设置字体格式，如图 4-105 所示。

图 4-105　输入诗名

6. **分离文字**　选定舞台中的"江雪"文本，选择两次"修改"→"分离"命令，分离文本，如图 4-106 所示。

图 4-106　两次分离文本

7. **编辑第 2 帧**　在第 2 帧插入关键帧，然后选择"橡皮擦工具" ，把"雪"最后一横末端擦除，如图 4-107 所示。

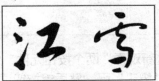

图 4-107　编辑第 2 帧

8. **编辑其他帧**　依次插入关键帧，再使用"橡皮擦工具"一点点擦除，模拟倒序书写顺序，完成所有帧的制作，如图 4-108 所示。

图 4-108　编辑其他帧

9. **翻转帧**　选中所有帧，选择"修改"→"时间轴"→"翻转帧"命令，把逆序翻转成顺序。

10. **返回场景**　单击"场景 1"按钮，从"书写诗名"元件中返回到场景 1。

11. **编辑第 1 帧**　将"图层 1"命名为"动画"，从"库"面板中拖入"封面背景"、"书写诗名"、"静态雪花"等元件。

制作主体动画

首先新建"水墨动画"影片剪辑元件，新建"音乐"图层并添加"配乐朗诵.mp3"，然后依据音乐节奏，分别制作小舟补间动画、诗文遮罩动画。

1. **新建元件** 按 Ctrl+F8 键打开"创建新元件"对话框，新建"水墨动画"影片剪辑元件。
2. **新建图层** 单击"新建图层"按钮，新建"音乐"图层，然后从"库"面板中选择"配乐朗诵.mp3"，拖入舞台。
3. **创建背景动画** 将"图层1"命名为"背景"，打开"库"面板拖入"江雪背景"元件，创建1～210帧之间的传统补间动画，实现背景从左向右缓慢移动。
4. **创建小舟动画** 新建"小舟"图层，制作第 1～210 帧之间的 Alpha 渐变动画、第 210～400 帧和第 400～832 帧两段传统补间动画。

Flash 配乐动画的制作，需要充分考虑动画与音乐的同步，本例中的小舟移动以及诗文显示的时间依据配乐朗诵。

5. **创建遮罩动画** 新建"诗文"图层和"遮罩"图层，在"诗文"图层第220帧插入关键帧并输入江雪诗文，然后创建第220～694帧之间的遮罩动画，使诗文逐渐显现。

制作按钮

首先新建"开始"和"重新观看"两个按钮元件，分别放置在场景1的**"背景"**层和"水墨动画"影片剪辑的**"按钮"**层，然后给按钮添加控制代码。

1. **新建元件** 按 Ctrl+F8 键打开"创建新元件"对话框，新建"开始"和"重新观看"两个按钮元件。
2. **编辑"开始"按钮** 打开"库"面板，双击"开始"按钮进入编辑状态，"开始"按钮的时间轴以及4帧状态如图4-109所示。

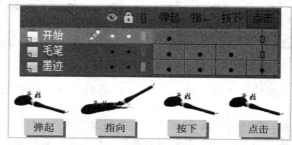

图 4-109　编辑"开始"按钮

3. **编辑"重看"按钮** 打开"库"面板，双击"重看"按钮进入编辑状态，"重看"按钮的4帧状态如图4-110所示。

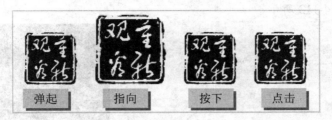

图 4-110 编辑"重新开始"按钮

4. **放置开始按钮** 返回场景 1，打开"库"面板，将"开始"按钮拖入舞台左下角。
5. **放置重看按钮** 打开"库"面板，双击"水墨动画"元件进入编辑状态，新建一个"按钮"图层，在第 694 帧插入关键帧，并拖入"重看"按钮。

添加代码

　　首先给两个按钮添加响应代码，然后分别在场景 1 和"水墨动画"元件中新建 Action 图层，添加代码实现"梅花飘落"和"雪花飞舞"动画。

1. **添加开始代码** 选中"开始"按钮，在"属性"面板中修改实例名称为"kaishi"，然后按 F9 键打开"动作"面板，输入代码如图 4-111 所示。

```
kaishi.addEventListener(MouseEvent.CLICK,
fl_ClickToGoToAndStopAtFrame);
function fl_ClickToGoToAndStopAtFrame(event:MouseEvent):void
{
    gotoAndStop(2);
}
```

图 4-111 "开始"按钮代码

2. **添加重看代码** 选中"重看"按钮，修改实例名称为"chongkan"，然后按 F9 键打开"动作"面板输入代码，如图 4-112 所示。

```
chongkan.addEventListener(MouseEvent.CLICK, fl_ClickToGoToScene);
function fl_ClickToGoToScene(event:MouseEvent):void
{
    MovieClip(this.root).gotoAndPlay(1, "场景 1");
}

chongkan.addEventListener(MouseEvent.CLICK, fl_ClickToStopAllSounds);
function fl_ClickToStopAllSounds(event:MouseEvent):void
{
    SoundMixer.stopAll();
}
```

图 4-112 "重看"按钮代码

3. **新建图层** 分别在"场景 1"和"水墨动画"元件中新建图层，命名为"Action"。
4. **新建影片剪辑** 新建"梅花落"和"雪花飘"两个影片剪辑元件，制作动作补间动画，如图 4-113 所示。

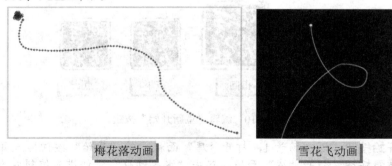

梅花落动画   雪花飞动画

图 4-113 新建影片剪辑

5. **添加类名称** 按图 4-114 所示操作，给"梅花落"和"雪花飘"两个影片剪辑元件添加 ActionScript 类名称。

图 4-114 添加类名称

6. **编写梅花飘落代码** 选中"场景 1"的 Action 层的第 1 帧，按 F9 键打开"动作"面板输入代码，实现梅花飘落的动画，如图 4-115 所示。

```
var sj1:Timer =new Timer(Math.random()*5000+200,20);
sj1.addEventListener(TimerEvent.TIMER ,sjcd1);
function sjcd1(event:TimerEvent) {
var mh:mh_mc=new mh_mc();
addChild(mh);
mh.x=Math.random()*200+200;
mh.y=Math.random()*200+100;
mh.alpha=Math.random()*1+0.2;
mh.scaleX=Math.random()*0.5+0.5;
mh.scaleY=Math.random()*0.5+0.5;
}
sj1.start();
```

图 4-115 编写梅花飘落代码

7. **添加停止代码**　在"场景 1"的 Action 层的第 2 帧插入关键帧，按 F9 键打开"动作"面板输入代码，用时间变量控制梅花停止运动，如图 4-116 所示。

```
sj1.stop();
```

图 4-116　添加停止代码

8. **制作雪花飞舞代码**　选中"水墨动画"元件的 Action 层的第 1 帧，按 F9 键打开"动作"面板输入代码，实现雪花飞舞的动画，如图 4-117 所示。

```
var sj1:Timer =new Timer(Math.random()*5000+200,20);
sj1.addEventListener(TimerEvent.TIMER ,sjcd1);
function sjcd1(event:TimerEvent) {
var mh:mh_mc=new mh_mc();
addChild(mh);
mh.x=Math.random()*200+200;
mh.y=Math.random()*200+100;
mh.alpha=Math.random()*1+0.2;
mh.scaleX=Math.random()*0.5+0.5;
mh.scaleY=Math.random()*0.5+0.5;
}
sj1.start();
```

图 4-117　编写雪花飞舞代码

9. **导出影片**　按 Ctrl+S 键保存文件，选择"文件"→"导出"→"导出影片"命令，导出动画到指定文件夹。

第 5 章

视频处理技术

　　视频的出现和发展有机地综合了多种媒体对信息的表现能力，革新了对信息的表达方式，使信息的表达从单一表达发展为将文字、图形图像、声音、动画等多种媒体进行的综合表达，使得人和计算机之间的信息交流变得更加方便和准确。

　　视频处理技术是一门新的综合性技术，它涵盖了电视技术、数字媒体技术和计算机技术等主要领域。视频处理过程一般是借助于一系列相关的硬件与软件，在计算机中对视频信息进行接收、采集、编辑、生成等多种处理。

　　本章在介绍视频处理技术基本知识的基础上，重点介绍采集视频素材的三种常用方式，并以 Adobe Premiere Pro 视频处理软件为例介绍数字视频处理的方法。

本章内容：
- 视频基础知识
- 视频素材采集
- 数字视频处理

5.1　视频基础知识

视频由相继拍摄并存储的图像组成，除了有图像的高速信息传送特性外，由于加入了随同图像的时间因素，因而视频有更多的信息。为了更好地说明视频处理技术，本节主要介绍视频处理的一些相关知识。

5.1.1　视频概述

要想掌握视频处理技术，首先要了解视频的产生原理，最好能动手体验一组连续的静态图像变为动态视频的完整过程。

1．视频的定义

视频是由许许多多幅按时间序列构成的连续图像组成的，每一幅图像称为一帧，帧图像是视频信号的基础。这些帧以一定的速度连续地投射在屏幕上，让人看起来具有连续运动的动态效果，这些连续动态的图像就组成了视频。

例如在鹿奔跑的视频中，观众可自始至终地观看到鹿奔跑时的动作过程，观察鹿奔跑时身体每个部分的位置，准确地看到鹿是如何调整自己身体进行奔跑的步骤。

2．视频的原理

人眼具有视觉暂留功能，即人观察的物体消失后，物体还会在人眼的视网膜上保留一个短暂的时间(0.1 秒至 0.2 秒)。利用这一现象，将一系列画面中的物体以一定的速度(每秒播放 24 至 30 幅画面)连续播放，人就会感觉画面变成了连续的场景。

实例 1　体验图片转变视频过程

如图 5-1 所示，下图是一组静态鹿奔跑的图片，将鹿奔跑的过程分解为 12 个画面。

图 5-1　一组静态图片

读者可以通过操作系统自带的图片查看软件，快速切换图片显示方式，以达到将一组连续的静态图片通过快速播放，利用人眼的视觉暂留功能，变成视频的效果。

跟我学

1. **打开素材**　选择光盘中的"案例1"文件夹，按图5-2所示操作，选择"Windows 照片查看器"命令，打开"鹿01.png"图片文件。

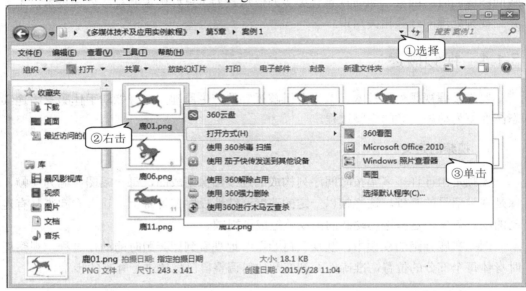

图5-2　打开素材

2. **快速查看**　在"Windows照片查看器"窗口中，按图5-3所示操作，快速单击 ▶️ 按钮，就可以看到鹿在奔跑的视频。

图5-3　快速查看

3. **画面更新率**

画面更新率(Frame Rate)指荧光屏上画面更新的速度，其单位为fps(frame per second)，读作帧/每秒，每秒出现的画面(帧)次数越多，即画面更新率越高，画面就越流畅。要达成最基本的视觉暂留效果大约需要10fps的速度，电影胶卷一般是以24fps速度拍摄。PAL(欧洲、亚洲、澳洲等地的电视广播格式)与 SECAM(法国、俄罗斯、部分非洲等地的电视广播格式)规定其更新率为 25fps，而 NTSC(美国、加拿大、日本等地的电视广播格式)则规定其更新率为 29.97fps，所以各国视频放映都需要进行转换。

4．模拟视频和数字视频

模拟视频是一种用于传输图像和声音且随时间连续变化的电信号。早期视频的获取、存储和传输采用的都是模拟方式。人们在电视上所见到的视频图像就是以模拟电信号的形式记录下来的，并用模拟调幅手段在空间传播，用磁带录像机将模拟信号记录在磁带上。

数字视频是指用二进制数字表示的视频信息，数字视频既可直接来源于数字摄像机，也可将模拟视频信号经过数字化处理变成数字视频信号。模拟视频信号经过采样、量化和编码数字化处理后，就变成由一帧帧数字图像组成的图像序列，即数字视频信号。每帧图像由 N 行、每行 M 个像素组成，即每帧图像共有 M*N 个像素。

与模拟视频相比，数字视频具有很多优点：便于传输和交换，便于多媒体通信，便于存储处理和加密，无噪声积累，差错可控制，可通过压缩编码减低数码率，便于设备的小型化，信噪比高，稳定可靠，交互能力强，等等。

5．视频的分辨率

视频分辨率是用于度量图像内数据量多少的一个参数，通常表示成 ppi(每英寸像素 pixel per inch)。如图 5-4 所示，在同等视频分辨率下，像素越多所显示的画面就越大，一个 1028×720 的视频是指它在横向和纵向上的有效像素个数是 1028 和 720。

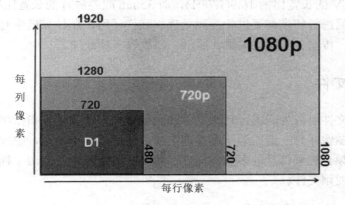

图 5-4　视频的分辨率

如在 1028×720 窗口中使用 720×480 视频放大显示，由于没有那么多的有效像素填充窗口，在放大时有效像素间的距离被拉大，而显卡会把这些空隙填满，也就是插值，插值所用的像素是根据上、下、左、右的有效像素"猜"出来的"假像素"。因有效像素值下降，没有原视频信息，所以画面就模糊了。

6．视频数字化采集

视频内容从摄像机或者录像带上转到计算机上的过程叫做资料的数字化或者采集。这个过程包括把视频内容录制到计算机中的同时将它播放出来。播放和转录既可以使用专门的采集软件，也可以使用视频编辑软件。

在对视频信息进行编辑编码时，视频信息首先需要被转换到硬盘上变成可以操作的形式，可以使用模拟视频信号源和采集卡来完成这个工作，这个过程就称为视频的采集。视频采集卡接收模拟视频信号，然后把它转化成数字视频数据，采集流程如图 5-5 所示。

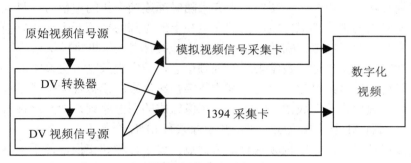

图 5-5　视频数字化采集

通过 1394 接口采集视频信号其实完全不是"采集"，只是传输数据，因此多数情况下可以通过视频编辑软件控制摄像机进行视频信号"采集"。

7．视频的处理

视频长宽比例是用来描述视频画面与画面元素的比例。传统的电视屏幕长宽比为 4:3(1.33:1)，HDTV 的长宽比为 16:9(1.78:1)，而 35mm 胶卷底片的长宽比约为 1.37:1。

这些视频之间进行转换都要进行视频处理。我们还可以在计算机中对输入的视频信号进行接收、采集、传输、压缩、编辑、显示、回放等多种处理。

5.1.2　视频文件

广义的视频文件可分为两类：动画文件和影像文件。动画文件指由相互关联的若干静止图像所组成的图像序列，这些静止图像连续播放便形成一组动画。影像文件主要指那些包含了实时的音频、视频信息的多媒体文件，其多媒体信息通常来源于视频输入设备。下面主要介绍影像视频文件。

1．Windows Media 视频文件

Windows Media 视频文件主要有两种不同的扩展名：asf(ASF)和 wmv(WMV)。ASF 是一种数据格式，包括音频、视频、图像以及控制命令脚本等多媒体信息。通过这种格式，以网络数据包的形式传输，实现流式多媒体内容发布。ASF 最大的优点就是体积小，因此适合网络传输。WMV 文件包括使用 Windows Media 音频(WMA)和视频(WMV)编码解码器压缩的音频、视频或这两者的"高级系统格式"(.asf)文件。

2．AVI 视频文件

AVI 文件格式是 Video For Windows 所使用的文件格式，它采用 Intel 公司的 Indeo 视频有损压缩编码技术，把视频和音频信号混合交错地存放在一个文件中，较好地解决了音频信息与视频信息的同步问题。

AVI 也是最长寿的格式，虽然发布过改版(V2.0 于 1996 年发布)，但已显老态。AVI 格式上限制比较多，只能有一个视频轨道和一个音频轨道(现在有非标准插件可加入最多两个音频轨道)，还可以有一些附加轨道，如文字等。AVI 格式不提供任何控制功能。

3．MPEG 视频文件

MPEG 是压缩视频的基本格式。以这种压缩算法记录的视频称为 MPEG 文件，通常有.mpg 的文件后缀名。MPG 还有两个变体 MPV 和 MPA。MPV 只有视频不含音频，MPA 则是只记录了音频而没有视频。VCD 是较为流行的家用视听设备，VCD 中的 DAT 文件，实际上是在 MPG 文件头部加上了一些运行参数所形成的变体，可以使用软件将其转换成标准的 MPEG 文件。

4．RealMedia 视频文件

RealNetworks 公司的 RealMedia 包括 RealAudio、RealVideo 和 RealFlash 这 3 类文件，其中 RealAudio 用来传输接近 CD 音质的音频数据，RealVideo 用来传输不间断的视频数据。

RealMedia 文件格式是标准的标志文件格式，它使用四字符编码来标识文件元素。如图 5-6 所示，组成 RealMedia 文件的基本部件是块(chunk)，它是数据的逻辑单位。

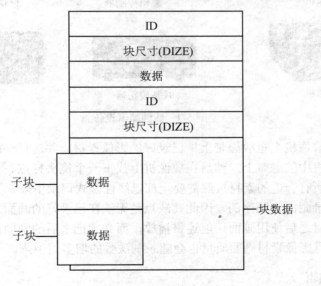

图 5-6　RealMedia 文件块示意图

RealMedia 文件格式中块的顺序没有明确规定，但 RealMedia 文件报头必须是文件的第一个块，RealMedia 文件块示意图中每个块包括下面的字段。

- 指明块标识符的四字符编码。
- 块中限定数据大小的 32 位数值。
- 数据块部分。
- 依据类型的不同，上层的块可以包含子对象。

5.1.3　视频术语

在视频编辑过程中，经常会遇到一些比较专业的术语，下面是一些常见术语的介绍。

1. 线性编辑

线性编辑指的是利用电子手段，根据节目内容的要求将素材连接成新的连续画面的磁带编辑技术。一般使用组合编辑将素材顺序编辑成新的连续画面，然后再以插入编辑的方式对某一段进行同样长度的替换。

传统的视频编辑是线性编辑，主要在编辑机系统上进行。如图 5-7 所示，编辑机系统一般是由一台或多台放像机和录像机、编辑控制器、特技发生器、时基校正器、调音台等设备组成的。

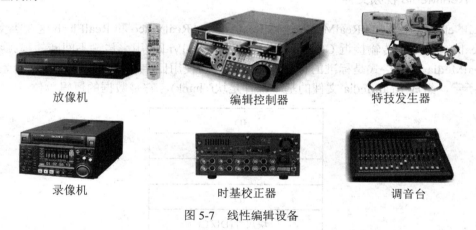

放像机　　　　　　　　　编辑控制器　　　　　　　　特技发生器

录像机　　　　　　　　　时基校正器　　　　　　　　调音台

图 5-7　线性编辑设备

编辑人员在放像机上重放磁带上早已录好的影像素材，并选择一段合适的素材打点，把它记录到录像机中的磁带上，然后在放像机上找下一个镜头打点、记录，这样反复播放和录制，直到把所有合适的素材按照需要全部以线性方式记录下来。

由于磁带记录画面是顺序的，因此其缺点是无法在已录好的画面之间插入素材，也无法在删除某段素材之后使用画面还能连贯播放，而必须把之后的画面全部重新录制一遍，工作量非常大，且影像素材画面质量也会随录制次数的增多而下降。

2. 非线性编辑

相对遵循时间顺序的线性编辑而言，非线性编辑具有编辑方式非线性、信号处理数字化和素材随机存取三大特点。非线性编辑的优点是节省时间，并且视频质量基本无损失，可以充分发挥编辑制作人员的想象力和创造力，实现更为复杂的编辑功能和效果。

非线性编辑的工作过程是数字化的，编辑、声音、特技、动画、字幕等功能可以一次完成，十分方便。无论对录入的素材进行怎样的反复编辑和修改，无论进行多少层画面合成，都不会造成图像质量的大幅下降。同时，非线性编辑可根据预先采集的视/音频内容从素材库中选择素材，并可选取任意的时间点，非常方便地添加各种特技效果，从而大大提高了制作效率。

如图 5-8 所示，非线性编辑的工作流程基本是，首先创建一个编辑过程平台，将数字化的素材导入到过程平台中；然后调用编辑软件中提供的各种手段，如添加或删除素材，对素材进行剪辑，添加特效、字幕、动画等，这些过程可反复调整，直到达到用户的要求为止；最后将节目输出到录像带、VCD 或 DVD 等视频载体中。

摄像机　　　编辑计算机　　　编辑软件

图 5-8　非线性编辑

3．视频剪辑

剪辑也称为素材，它可以是一部电影或者视频项目中的原始素材，也可以是一段电影、一幅静止图像或者一段声音文件，通常将由多个剪辑组成的复合剪辑称为剪辑序列。如图 5-9 所示，视频剪辑是由专用软件对视频素材进行编辑的。

视频素材集　　　视频素材　　　剪辑序列

图 5-9　视频剪辑

4. 场景

一个场景也称为一个镜头，它是视频作品的基本元素，大多数情况下是摄像机一次拍摄的一小段内容。对于专业人员来说，一个场景大多不会超过十几秒，但对于业余人员往往连续拍摄十几分钟也很常见，所以在编辑过程中经常需要对冗长场景进行剪切。

5. 转场过渡

两个场景如果直接过渡会感觉有些突兀，这时如果使用一个切换效果在两个场景之间进行过渡就会显得自然很多，这种切换就是转场过渡。最简单的切换就是淡入淡出效果，复杂一点的则可以把后一场景用多种几何分割方式展示出来，或者让后面的画面以 3D 方式飞进，等等。如图 5-10 所示，在会声会影软件中显示的转场过渡效果。

图 5-10　视频转场过渡

6. 滤镜

滤镜又称为 Filter 或 Effect，使用滤镜效果可以快速修改原始影像内容，调整素材的亮度、对比度与色温，也可以直接做出特殊的视频，如图 5-11 所示的"雨滴"、"云雾"、"泡泡"等粒子效果，适当地使用滤镜效果可以做出令人赞叹的作品。

图 5-11　滤镜

5.2　视频素材采集

　　视频素材的采集方法有很多种，如可以用视频捕捉卡配合相应的软件来采集录像机上的素材，可以用专用软件来截取视频片段，可以通过网络下载相关视频，还可以通过数字摄像机拍摄等方法获取所需视频素材。

5.2.1　截取法

　　通过截取法，可以将一些模拟信号的视频转变成数学信号的视频，为下一步数字视频编辑做好准备。截取法一般有视频采集卡和屏幕录制两种采集相关视频信息的方法。

1. 视频采集卡

　　如图 5-12 所示，视频采集卡(Video Capture Card)是将模拟摄像机、录像机、LD 视盘机、电视机输出的视频信号等输出的视频数据或者视频音频的混合数据输入电脑，并转换成电脑可辨别的数字数据，存储在电脑中，成为可编辑处理的视频数据文件。

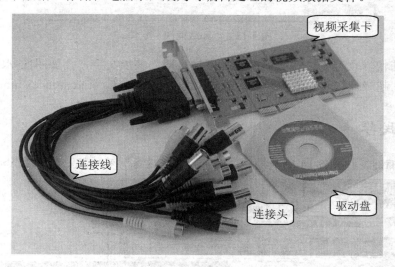

图 5-12　视频采集卡

　　视频采集卡按照视频信号源，可以分为数字采集卡(使用数字接口)和模拟采集卡。按照安装链接方式，可以分为外置采集卡(盒)和内置式板卡。按照视频压缩方式，可以分为软压卡(消耗 CPU 资源)和硬压卡。按照视频信号输入输出接口，可以分为 1394 采集卡、USB 采集卡、HDMI 采集卡、VGA 视频采集卡、PCI 视频采集卡、PCI-E 视频采集卡。按照其用途可以分为广播级视频采集卡、专业级视频采集卡和民用级视频采集卡。

2. 屏幕录制

　　屏幕录制即录制电脑屏幕中所播放的视频，录制时除了可以录制视频外，还可以同步录制声音。

屏幕录制软件有很多种，本节主要介绍简单好用的全能录像软件"超级捕快"。"超级捕快"除了录制电脑屏幕视频外，还可以录制游戏视频、网页视频、QQ 聊天视频。软件的"DV/DC/TV/摄像头捕捉"功能，还能捕捉摄像头、摄像机等硬件视频。

实例 2　使用超级捕快软件录制视频

如图 5-13 所示的"超级捕快"软件是国内首个拥有捕捉家庭摄像机 DV、数码相机 DC、摄像头、TV 电视卡、电脑屏幕画面、聊天视频、游戏视频或播放器视频画面并保存为 AVI、WMV、MPEG、SWF、FLV 等视频文件的优秀录像软件。

图 5-13　"超级捕快"软件

"超级捕快"软件允许在捕捉视频上添加日期、叠加文字、叠加图像(水印)、捕捉的各种设置等。超级捕快软件官网地址：http://www.powerrsoft.com/cm/index.htm。

 跟我学

1. **视频捕捉**　按图 5-14 所示操作，选择"捕捉设备"可捕捉 DV/DC/TV/摄像头视频。

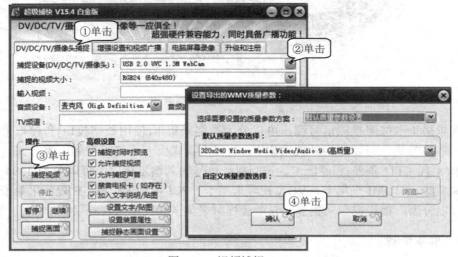

图 5-14　视频捕捉

2. **设置视频文字**　按图 5-15 所示操作，输入文字"录制测试练习"，设置字体为"黑体"、字号为"26"、文字样式为"加粗"等视频显示文字格式。

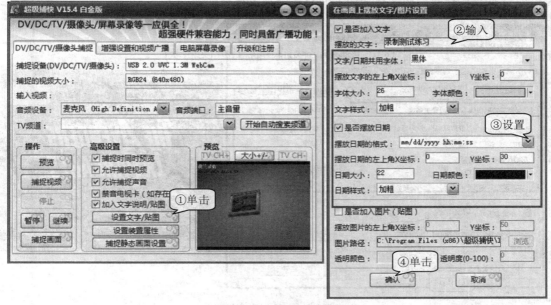

图 5-15　设置视频文字

3. **设置视频广播**　按图 5-16 所示操作，选择广播质量为 800×600，设置广播视频源，再进行视频广播。

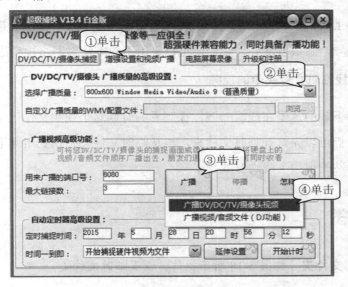

图 5-16　设置视频广播

4. **录制屏幕视频** 按图 5-17 所示操作，选择录像导出格式，设置录像相关参数，选择屏幕视频录制的区域后即可开始录制屏幕视频。

图 5-17 录制屏幕视频

5.2.2 下载法

通常在网络上我们能看到很多优秀的视频，但这些视频一般不能直接采集。为了采集网络中已有的视频，除截取法外，我们还可以采用下载方法对网络视频进行获取。

实例 3 查找临时文件夹中的视频

首先将需要下载的片子在线看一遍，在观看的时候这个视频文件已经下载到你的临时文件夹里了。我们可以先打开临时文件夹，再从临时文件夹中找到所需下载的视频，这种方法对大部分网站的视频下载均有效。

 跟我学

1. **打开临时文件夹** 按图 5-18 所示操作，设置临时文件夹。

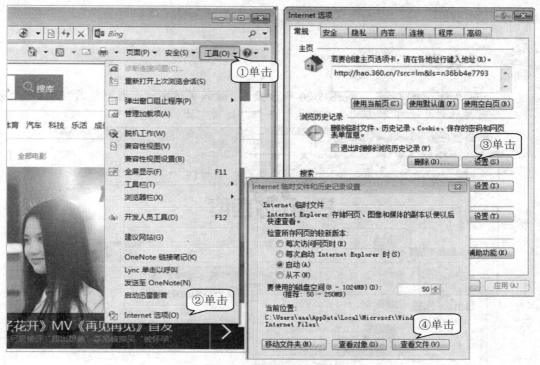

图 5-18　打开临时文件夹

2. **查找视频文件**　单击查看文件以后会出来一堆乱七八糟的文件列表，按图 5-19 所示操作，按文件大小排列，找出对应的视频文件。

图 5-19　查找视频文件

实例 4　使用"遨游浏览器"下载视频

使用"遨游浏览器"自带的网页嗅探器，可以帮助我们挖掘出视频的地址，方便快捷地下载网络视频。

跟我学

1. 下载"遨游浏览器" 按图 5-20 所示操作，输入关键字"遨游浏览器"后百度，在百度软件中心中单击"普通下载"按钮，完成"遨游浏览器"的下载。

图 5-20 下载"遨游浏览器"

2. 安装"遨游浏览器" 按图 5-21 所示操作安装"遨游浏览器"。

图 5-21 安装"遨游浏览器"

3. 下载网络视频　按图 5-22 所示操作，打开"遨游浏览器"，在地址中输入要下载视频的网址，将鼠标指针移动到视频上，会弹出"下载"按钮，单击下载。

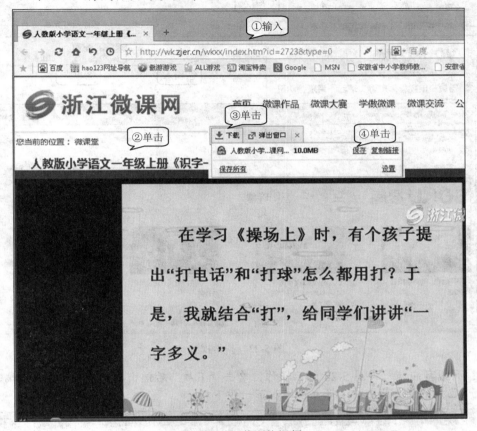

图 5-22　下载网络视频

实例 5　利用视频客户端下载视频

优酷、土豆、腾讯、奇艺等视频网站上有许多我们需要的视频，这些网站一般都会提供相应的电脑客户端，通过这些客户端就可以方便下载所需的视频。本节以优酷网为例介绍视频的下载，与利用其他网站客户端下载视频的操作大同小异。

 跟我学

1. 搜索视频　按图 5-23 所示操作，在 IE 浏览器"地址"栏中输入"http://www.youku.com/"网址，在"搜库"中输入"可汗学院"进行视频关键字搜索，双击打开所选择的视频。

图 5-23　搜索视频

2. **下载客户端**　按图 5-24 所示操作，单击"下载"后弹出要求下载 PC 客户端，如果已安装 PC 客户端，将直接进入下一步下载。

图 5-24　下载 PC 客户端

3. **安装 PC 客户端**　按图 5-25 所示操作，按操作提示安装 PC 客户端。

图 5-25　安装 PC 客户端

4. **下载视频**　按图 5-26 所示操作，复制所需下载视频的网址，在优酷客户端中单击"新建下载"按钮，把视频网址复制到"文件地址"处，单击"开始下载"按钮。

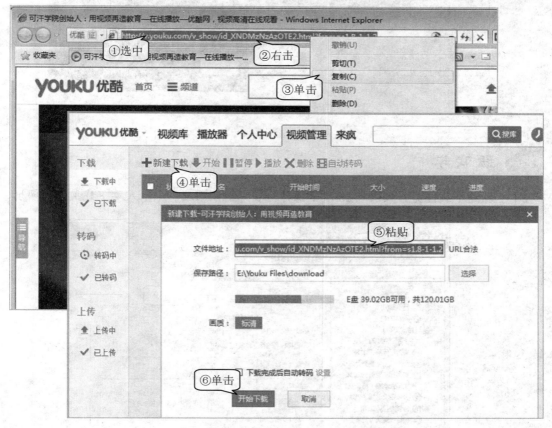

图 5-26　下载视频

5. **查看下载视频**　按图 5-27 所示操作，在下载完成后，单击"已下载"按钮，可看到下载的视频，双击打开视频，即可在本地直接观看所下载的视频。

实例 6　使用维棠软件下载视频

除了一些视频网站带有的客户端外，还有一些专用的视频下载软件也可以直接下载网络视频，如"维棠 FLV"、"网络嗅探器"之类的下载软件。

本节以"维棠 FLV"下载软件为例进行介绍，其他软件较为类似，此处就不一一介绍。

图 5-27　查看下载视频

 跟我学

1. **新建下载任务**　按图 5-28 所示操作，在"视频网址"中输入要下载视频的网址，单击"确定"按钮，"维棠"软件将进行视频下载。

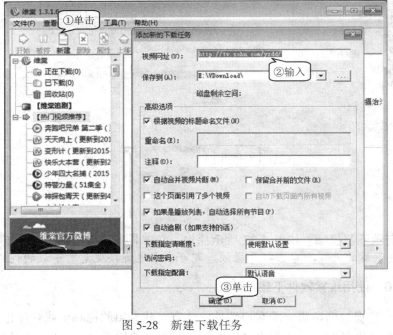

图 5-28　新建下载任务

2. 下载多个视频 按图 5-29 所示操作，"维棠"软件一次性可以下载多个视频。

图 5-29 下载多个视频

总之网络视频的下载方法有多种，要根据不同的视频网站特点，选择相应的下载方法。当然由于网络视频网站的不断升级，视频下载的方法也在不断的变化之中，但下载原理基本相同。

5.2.3 拍摄法

摄像机是把光学图像信号转变为电信号，以便于存储或者传输的信息采集设备。按摄像机的性能可分为广播级、业务级和家用级，一般单位购买的都是业务级的摄像机。按摄像机存储数码方式可分为磁带式、存储卡、硬盘式等，如图 5-30 所示为业务级数码摄像机。

侧面   正面   背面

图 5-30 业务级摄像机

1. 利用摄像机拍摄

摄像机拍摄可采用单机位拍摄、双机位拍摄。单机位、双机位拍摄一般如图 5-31 左图所示。为了拍摄画面不抖动，可以通过三脚支架固定摄像机；将三脚支架固定在三脚滑轮上，还可以推动三脚支架进行移动拍摄，如图 5-31 右图所示。

单机位拍摄

双机位拍摄

三脚支架

三脚滑轮

图 5-31　机位与摄像机支架

以拍摄一节教学录像课为例。单机位拍摄要分别兼顾教师和学生的活动，对拍摄者的要求比较高，且景别单调，对师生互动表现不明显，拍摄起来难度大，后期合成效果差。但优点是如果拍摄顺利，可不必后期进行视频编辑。

双机位拍摄时，由于多一个机位，一个主拍教师，一个主拍学生，拍摄效果较好，可实现师生镜头画面的合理切换。如一号机位从教室的后方向前拍摄教师活动、讲台、投影和教室全景，可适当应用特定特写镜头表现教师的动作、表情或展示的教学用具，尽可能拍好教师近景和板书内容。二号机从教室的前侧向后拍摄学生，如学生听课、做实验、练习、记笔记、回答问题、朗读等课堂教学过程。双机位拍摄在后期视频影像合成制作时需对不同机位的视频进行剪辑合成等操作，会增加许多复杂的工作，延长操作时间。

2．拍摄景别的应用

摄像机拍摄时常用的景别有五种，分别是远景、全景、中景、近景和特写。如图 5-32 所示为同一人物的五种景别拍摄。

远景　　　　全景　　　　中景　　　　近景　　　　特写

图 5-32　五种景别的应用

- 拍摄"远景"：远景是各类景别中表现空间范围最大的一种，具有广阔的视野，常用来展示事件发生的时间、环境、规模和气氛。

- 拍摄"全景"：全景用来表现场景的全貌或人物的全身动作，主要用于事物全貌的介绍或展示，揭示事物互相之间的关系。
- 拍摄"中景"：中景与全景相比，表现的范围缩小了，进一步接近了被摄主体；画面中展示的除了被摄主体外，还有与主体有关的周围环境。
- 拍摄"近景"：拍到人物胸部以上，或物体的局部成为近景。近景的视频形象是近距离观察人物的体现，所以近景能清楚地看清人物细微动作。
- 拍摄"特写"：画面的下边框在成人肩部以上的头像，或其他被摄对象的局部称为特写镜头。特写镜头使被摄对象充满画面，给人以较强烈的视觉冲击。

3．镜头运动摄像

在一个镜头中通过移动摄影机机位、变动镜头光轴，或者变化镜头焦距所进行的拍摄称为运动摄像。通过这种方式所拍到的画面为运动画面。运动摄像分为推摄、拉摄、摇摄、移摄、跟摄等镜头运动摄像方式。拍摄时恰当地运用镜头，才能达到好的拍摄效果。

- "推摄"镜头运动：推摄是通过变焦使画面的取景范围由大变小、逐渐向被摄主体接近的一种拍摄方法。其目的就是"引导"观众对被摄体的注意，有突出主体、强调局部的作用。
- "拉摄"镜头运动：与推摄相反，拉摄是通过变焦使画面的取景范围和表现空间由小到大、由近变远的一种拍摄方法。它强调的是主体与整体以及主体与环境的关系，保持了表现空间的连贯性和完整性。
- "摇摄"镜头运动：摇摄是指当摄像机机位不动时，借助于三脚架上的活动底盘或拍摄者自身的人体运动，变动摄像机光学镜头轴线的拍摄方法。一个完整的摇镜头包括起幅、摇动、落幅三个相互贯连的部分。
- "移摄"镜头运动：移摄主要分两种拍摄方式，一种是将摄像机架在可移动物体(如装有滑轮的三脚架)上并随之运动而进行的拍摄；另一种是摄像者肩扛摄像机，通过人体的运动进行拍摄。
- "跟摄"镜头运动：跟摄镜头就是指摄像机镜头跟随运动的被摄体一起运动而进行的拍摄，其特点是画面始终跟随一个运动的主体，并且要求这个被摄对象在画框中要处于一个相对稳定的位置上，以利于展示运动主体的神情变化和姿态变化。

4．镜头的组接

镜头组接就是将拍摄的画面有逻辑、有构思、有意识、有创意和有规律地连贯在一起。在多机位摄像机拍摄时，专业拍摄经常将许多镜头合乎逻辑地、有节奏地组接在一起，从而阐释或叙述教学重难点内容的技巧。

- "连接"镜头组接：相连的两个或者两个以上的一系列镜头表现同一主体的动作。"连接"镜头组接要顺畅，不给人带来视觉的跳跃性。
- "队列"镜头组接：相连镜头但不是同一主体的组接。由于主体的变化，下一个镜头主体的出现，观众会联想到上下画面的关系，起到呼应、对比、隐喻烘托的作用，往往能够创造性地揭示出一种新的含义。

- "两级"镜头组接：是由特写镜头直接跳切到全景镜头或者从全景镜头直接切换到特写镜头的组接方式。这种方法能使情节的发展在动中转静或者在静中变动，给观众的直观感极强，节奏上形成突如其来的变化，产生特殊的视觉和心理效果。
- "特写"镜头组接：上个镜头以某一人物的某一局部(头或眼睛)或某个物件的特写画面结束，然后从这一特写画面开始，逐渐扩大视野，以展示另一情节的环境。目的是为了使观众注意力集中在某一个人的表情或者某一事物的时候，在不知不觉中就转换了场景和叙述内容，而不使人产生陡然跳动的不适合的感觉。

实例7 利用双机位拍摄录像课

本例是中学语文八年级《故宫博物院》一节课，本课是一篇典范的事物说明文。教师摄像机只拍教师的授课过程，尽量把授课的重点难点表达出来。学生摄像机只摄录学生听课过程，尽量把学生听课的认真态度、学生练习和回答教师提问的神态表现出来。教学效果如图 5-33 所示。

拍摄教师机位　　　　　　　　　　　　拍摄学生机位

图 5-33　双机位拍摄效果图

 跟我学

1. **拍摄教学全景**　授课教师在教学中使用多媒体网络教室进行组织教学，如图 5-34 所示，在拍摄时要多用全屏画面，尽量少摇机器，使摄像机画面在投影屏幕上保持平直。

课件全屏显示　　　　　　　　　　　　教师全景拍摄

图 5-34　拍摄导入

2. **拍摄教学互动**　教师使用网络课件演示解决教学的重难点，教师正面近景拍摄与学生近景互动拍摄效果如图 5-35 所示。

教师近景拍摄　　　　　　　　　　学生近景拍摄

图 5-35　拍摄重难点

3. **拍摄学生学习**　主要拍摄学生活动情况、情绪变化反应，机器始终框成全景画面。如图 5-36 所示，学生在课堂上认真听课的正面与背景的视频过程。

学生正面画面　　　　　　　　　　学生背面画面

图 5-36　拍摄学生全景

5. 录播教室拍摄

　　录播教室如图 5-37 所示，其最基本的功能是录制视频，它可将教室内授课教师的画面、多媒体课件、教师板书、学生反应以及声音信号通过摄像机、拾音器等设备，录制出完整的教学过程，生成可播放的多媒体视频文件。

　　录播教室最大的优点是具备自动跟踪定位和场景自动切换功能。在授课过程中，录播系统可以跟踪对象的所在位置及时抓取对象的行为表情，还可以根据对象的不同行为切换到相应的画面。

(1) 录播教室系统简介

　　录播教室系统能将多路信号处理功能兼具一身，并在各路图像信号间实行切换，且所有的操作均在可视化的界面上完成，遵循所见即所得，将专业的拍摄与编辑技术变得简单。录播教室系统的拓扑结构如图 5-38 所示，是由输入、控制和输出三部分组成的。

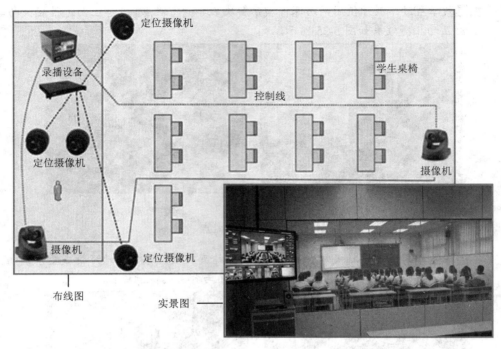

图 5-37　录播教室

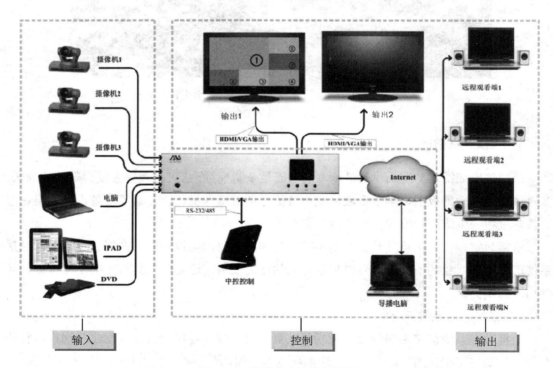

图 5-38　录播教室系统拓扑图

- 输入部分：输入部分由摄像机 1 拍摄设备、摄像机 2 拍摄设备、摄像机 3 拍摄设备、电脑设备、IPAD 教学操作控件设备、DVD 播放设备组成。通过这些设备的信号采集，将信号输入到控制部分。

- 控制部分：控制部分是录播教室系统中最重要的设备，是录播系统的控制中心，主要由录播主机、信号编辑处理设备 1、信号编辑处理设备 2、导播电脑、中控控制器组成。操作人员可以根据控制操作选择有效的信号，编辑后合成视频信号。
- 输出部分：即控制部分将制作好的视频信号发布后，在输出部分可以通过因特网在网过程观看录播系统生成的最终视频。

(2) 录播教室导播平台

录播教室导播平台是整个录制的操作主界面，上述所介绍的配置录播基本信息、配置片头片尾信息、配置视频字幕参数内容均可在导播平台界面中通过单击"设置"按钮进行具体的设置。录播教室导播平台如图 5-39 所示。

图 5-39　导播平台

从导播平台图中可以看出手动录制有五个区域，分别是基本信息区、录制控制区、参数设置区、视频采集区和云台控制区。

- 基本信息区：显示的内容为视频的文件名、主讲人信息、视频尺寸大小、视频文件大小等基本信息。
- 录播控制区：可自由切换为手动控制与自动控制两种拍摄模式，一般默认为自动拍摄模式。在手动录播时，可设置拍摄时声音采集音量的大小，并可通过按钮设置开始录制、暂停录制和停止录制等。
- 参数设置区：可以设置片头、片尾画面内容、字幕、特技参数、布局等。其中特技的作用主要是用于不同视频画面切换时过渡的效果。一般拍摄时常选择过渡特效效果。
- 视频采集区：分别是对着老师全景的摄像机 1 号和对着老师特写的摄像机 2 号，对着学生全景的摄像机 3 号和对着学生特写的摄像机 4 号，以及投影视频信息画面。

- 云台控制区：可以分别调整各个摄像机的水平、俯仰的角度，以及各个摄像机变焦、聚焦的控制区。此控制区是手动录播时，操作最为多的区域，掌握云台操作技能，可以根据拍摄内容，采集到所需视频内容。

(3) 操作录播云台

手动控制录播系统时，可以通过云台控制区对不同的视频采集信号进行手动调整，从而可以调整摄像机的拍摄角度与拍摄的画面大小。通过使用鼠标单击操作可以选择视频画面拍摄角度与画面拍摄大小，具体设置的操作以及设置前后效果如图 5-40 所示。

图 5-40　操作录播云台

(4) 设置视频布局

一般情况下视频画面是不需要布局的，而在教学视频中有时为了更好地呈现视频内容，可以通过设置布局方式，让视频画面呈现不同的视频内容。如图 5-41 所示，提供了三种最常用的布局设置实景图。

图 5-41　设置视频布局

- 正常显示布局：一般常规视频拍摄方式。
- 画中画显示布局：在出示课件时，为了显示课件内容，将授课教师画面缩小。
- 三分屏显示布局：画面中以课件显示为主，同时显示教师与学生的小画面。

实例 8　利用录播软件拍摄课例

在录播教室中授课教师通过系统的自动控制，按照标准的操作流程，可以方便快捷地录制视频。

本例是小学语文五年级上册《七律长征》中的一节课，教学视频效果如图 5-42 所示。

正面拍摄　　　　　　　　　　　　　　　　　　　　特写拍摄

图 5-42　　"七律长征"效果图

在录播教室环境下拍摄此案例，教师应具备利用多媒体课件开展教学的能力，除此之外，教师还需做好拍摄前的准备工作。

 跟我学

录制准备

　　使用录播教室自动拍摄微课之前，授课教师要注意自己的仪容、着装，应具有良好的精神风貌。同时准备教学用的课件、教具、板书等，便于系统自动拍摄时的画面切换。

1. **注重仪容**　授课教师仪容要端正、庄重、斯文。发型自然、简便、整洁，前额头发不超过眉毛。女性教师不佩戴款式夸张的耳环、项链等饰物。男性教师不要满脸胡茬，要注意面部干净整洁。

2. **规范着装**　教师着装要整洁，穿戴得体大方，衣服应选择与课件背景颜色对比度大的服装，避免穿着有小细条纹、小碎格的服装。着装颜色不宜超过三种，服装图案不要过于繁琐复杂。上衣最好有衣领，内外服装颜色要有对比。

3. **制作课件**　课件需注明课程名称、讲授内容标题以及主讲人姓名等必要信息。课件内容要清晰、界面美观、色彩鲜明、风格统一。标题及内容字体大小符合视觉习惯，文字和背景对比明显，以保证录制效果及学生能清晰观看。

4. **准备教具**　如果有在录课中需要使用的书籍、资料、纸笔及其他辅助教学工具，应将资料置于讲台上方便使用的位置，以免在上课时需要用时中断讲课，影响录制质量。手机等通信工具应处于关闭状态，防止产生声音影响录制的声音质量。

5. **设计板书**　教学时老师应事先设计规划板书，如在黑板上板书时要注意板书文字大小、教师板书时身体是否阻挡镜头、要设计好自己板书时的书写姿势，总之是为了更好的拍摄效果。

调试设备

使用录播教室拍摄微课，只需对录制器材进行基本调试。主要是针对音量、光线、镜头机位等的调试工作，以便系统自动拍摄时不会出现故障。

1. **调试音量** 授课教师通过麦克风试讲，确定最佳的麦克风摆放位置及音量大小；通过播放课件，确定课件音量的大小；通过在教室中行走到不同位置来测试声音采集是否清楚。
2. **调试光线** 在录播教室里，为防止室外的干扰，常常用窗帘将窗户遮严，导致整个教室光线较暗；当教师在投影面前时，拍摄的教师面部也会显得较暗。所以需要调整灯光光线强度，对于光线不足的教室要增加照明，进行补充光线。
3. **调试镜头** 拍摄前需对镜头进行试拍调试，如特写镜头调试、推镜头调试、拉镜头调试等。
4. **调试电脑** 微课教学中经常使用课件，为了保障拍摄顺利流畅，课件在使用前一定要进行调试。如超级链接是否正常、网速是否正常，总之确保教学时电脑稳定。

拍摄过程

在完成上述准备工作以后，使用录播教室自动模式拍摄微课则非常简便，授课教师只要在教学中通过按讲台上的"录制"、"暂停"、"停止"三个按钮即可完成录制操作。

1. **开始拍摄** 授课教师打开课件，按下讲台上的"上课"按钮后，自动拍摄系统即开始工作。这时教师可以移动一下鼠标，自动系统会将信号切换到课件视频。自动模式下录播系统界面如图 5-43 所示。

录播控制按钮　　　　手动/自动切换

图 5-43 自动拍摄录播时系统导播平台界面

2. **停止拍摄**　录播教室自动拍课时，授课教师可以通过讲台上的快捷按钮(如图 5-44 所示)来控制自动录制过程。授课教师只需按下讲台上的"下课"按钮，系统将停止拍摄，并自动生成拍摄后的视频文件。

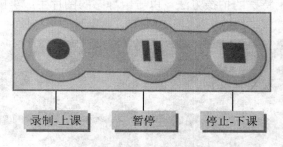

图 5-44　自动拍摄操作按钮

3. **下载视频**　如图 5-45 所示，根据授课的时间与名称设置，先找到所拍摄的视频课，再完成视频课从服务器端下载到电脑的过程。

图 5-45　下载视频

4. **播放视频**　双击打开下载的视频文件，即可观看所拍摄的视频内容。

6. 蒙太奇镜头作用

蒙太奇一般包括画面剪辑和画面合成两方面，其中画面剪辑是由许多画面或图样并列或叠化而成的一个统一的图画作品，而画面合成则是制作这种组合方式的艺术或过程。

蒙太奇具有叙事和表意两大功能，据此，我们可以把蒙太奇划分为三种最基本的类型：叙事蒙太奇、表现蒙太奇、理性蒙太奇。前一种是叙事手段，后两种主要用以表意。

(1) 蒙太奇的功能

- 通过镜头、场面、段落的分切与组接，对素材进行选择和取舍，以使表现内容主次分明，达到高度的概括和集中。
- 引导观众的注意力，激发观众的联想。每个镜头虽然只表现一定的内容，但通过组接一定顺序的镜头，能够规范和引导观众的情绪和心理，启迪观众思考。
- 创造独特的影视时间和空间。每个镜头都是对现实时空的记录，经过剪辑，实现对时空的再造，形成独特的影视时空。

(2) 蒙太奇的句型

蒙太奇句型有前进式、后退式、环型、穿插式和等同式句型。前进式句型是指按全景—中景—近景—特写的顺序组接镜头。后退式句型是指按特写—近景—中景—全景的顺序组接镜头。环型句型是指将前进式和后退式两种句型结合起来。穿插式句型是指景别变化不是循序渐进的，而是远近交替的。等同式句型就是在一个句子当中景别不发生变化。

实例 9 利用蒙太奇方式拍摄

为了解视频镜头的蒙太奇处理技术，以高中校本课程中的《延时摄影》一节微课为例进行介绍，该微课使用特殊的拍摄方法，以一组静态的图片生成美丽的动态视频，效果如图 5-46 所示。

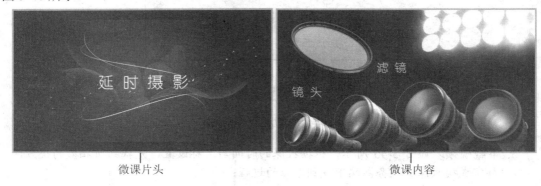

微课片头   微课内容

图 5-46 视频效果图

 跟我学

┌─ 叙事蒙太奇 ─┐

特征是以交代情节、展示事件为主旨，按照情节发展的时间流程、因果关系来分切组合镜头、场面和段落，从而引导观众理解视频内容。

1. **平行蒙太奇** 这种蒙太奇常以不同时空发生的两条或两条以上的情节线并列表现，分头叙述而统一在一个完整的结构之中，效果如图 5-47 所示。

镜头一   镜头二

图 5-47 平行蒙太奇效果图

2. **交叉蒙太奇** 它将同一时间不同地域发生的两条或数条情节线迅速而频繁地交替剪接在一起，效果如图 5-48 所示，各条线索相互依存，最后汇合在一起。

3. **颠倒蒙太奇** 这是一种打乱结构的蒙太奇方式，先展现故事或事件的现在状态，然后再回去介绍故事的始末，效果如图 5-49 所示，表现为事件概念上过去与现在的重新组合。

镜头一　　　　　　　　　　　　　　　镜头二

图 5-48　交叉蒙太奇效果图

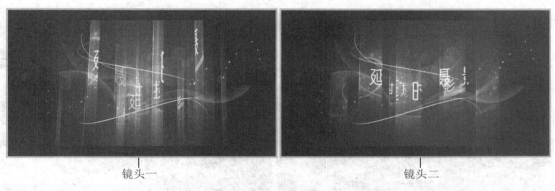

镜头一　　　　　　　　　　　　　　　镜头二

图 5-49　颠倒蒙太奇效果图

4. **连续蒙太奇**　沿着一条单一的情节线索，按照事件的逻辑顺序，有节奏地连续叙事，效果如图 5-50 所示。

镜头一　　　　　　　　　　　　　　　镜头二

图 5-50　连续蒙太奇效果图

表现蒙太奇

　　是以镜头对列为基础，通过相连镜头在形式或内容上相互对照、冲击，从而产生单个镜头本身所不具有的丰富含义，以表达某种情绪或思想，激发联想，启迪思考。

1. **抒情蒙太奇** 意义重大的事件被分解成一系列近景或特写，从不同的侧面和角度捕捉事物的本质含义，渲染事物的特征，效果如图 5-51 所示。

图 5-51 抒情蒙太奇效果图

2. **心理蒙太奇** 通过画面镜头组接或声画的有机结合，形象生动地展示出人物的内心世界，常用于表现人物的梦境、幻觉、思索等精神活动，效果如图 5-52 所示。

图 5-52 心理蒙太奇效果图

3. **隐喻蒙太奇** 通过镜头或场面的对列进行类比，效果如图 5-53 所示，含蓄而形象地表达创作者的某种寓意。

图 5-53 隐喻蒙太奇效果图

4. **对比蒙太奇** 即通过镜头或场面之间在内容或形式(如景别大小、色彩冷暖，声音强弱、动静等)上的强烈对比，产生相互冲突的作用，效果如图 5-54 所示。

镜头一　　　　　　　　　　　　　　　　镜头二

图 5-54　对比蒙太奇效果图

理性蒙太奇

　　它是通过画面之间的关系，而不是通过单纯的一环接一环的连贯性叙事表情达意。它的画面组合在一起的事实总是主观视像。

1. **杂耍蒙太奇**　杂耍是一个特殊的时刻，其间一切元素都是为了促使把导演打算传达给观众的思想灌输到他们的意识中，使观众进入引起这一思想的精神状况或心理状态中，　以造成情感的冲击，效果如图 5-55 所示。

镜头一　　　　　　　　　　　　　　　　镜头二

图 5-55　杂耍蒙太奇效果图

2. **反射蒙太奇**　描述的事物和用来做比喻的事物同处一个空间，它们互为依存，或是为了与该事件形成对照，以此作用于观众的感官和意识，效果如图 5-56 所示。
3. **思想蒙太奇**　利用新闻影片中的文献资料重加编排表达一个思想，以抽象的形式表现一系列思想和被理智所激发的情感，效果如图 5-57 所示。

镜头一   镜头二

图 5-56　反射蒙太奇效果图

镜头一   镜头二

图 5-57　思想蒙太奇效果图

5.3　数字视频处理

数字视频编辑、数字音频制作与数字技术制作构成了计算机影视后期制作的三部曲。数字非线性剪辑综合了传统电影和视频编辑的优点，使影视制作技术取得了重大进步，成为影视后期制作中的标准方式。

5.3.1　数字非线性编辑

数字非线性编辑是数字视频技术与多媒体计算机技术相结合的产物，计算机数字化地记录了所有视频片段并将它们存储在硬盘上，人们可以对存储的数字文件进行反复更新和编辑。从本质上讲这种技术提供了分别存储许多单独素材的方法，使得任何片段都可以立即观看并随时修改。

1. 非线性编辑系统

计算机非线性编辑系统包括数字化硬件系统和视频编辑软件系统两个部分，在计算机进行视频编辑时，先把来自摄像机等设备的视频信号转换成计算机要的数字信号，再使用非线性软件进行加工。

数字非线性编辑系统是以计算机为硬件平台，完成对视频、音频信号的非线性编辑，并在编辑过程中完成多通道数字特技、字幕添加、声音编辑的视频节目制作。其具体实现过程是把模拟视频信号通过视频图像采集卡采集到硬盘中，再通过硬件和软件来完成对视频信号的各种效果，最后输出到录像带上或视频服务器上。

非线性编辑系统可以把切换台、特技台、高音台、字幕机和编辑录像机等多种设备集中在一台计算机当中，大大减少了设备的投入，提高了设备的稳定性。目前传统的线性编辑方式越来越多地被多媒体非线性编辑所取代。

2. 数字视频制作过程

数字视频制作过程包括素材准备工作、节目制作过程和节目输出过程。

素材准备工作：除将摄像带上的视频、音频信号转录成数字信号外，还应将其他需要用到的素材如图像、直通车、声音等也导入到计算机中，以便编辑。

节目制作过程如图 5-58 所示，包括以下内容。

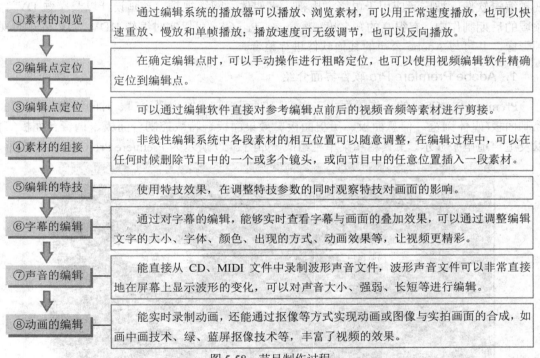

①素材的浏览	通过编辑系统的播放器可以播放、浏览素材，可以用正常速度播放，也可以快速重放、慢放和单帧播放；播放速度可无级调节，也可以反向播放。
②编辑点定位	在确定编辑点时，可以手动操作进行粗略定位，也可以使用视频编辑软件精确定位到编辑点。
③编辑点定位	可以通过编辑软件直接对参考编辑点前后的视频音频等素材进行剪接。
④素材的组接	非线性编辑系统中各段素材的相互位置可以随意调整，在编辑过程中，可以在任何时候删除节目中的一个或多个镜头，或向节目中的任意位置插入一段素材。
⑤编辑的特技	使用特技效果，在调整特技参数的同时观察特技对画面的影响。
⑥字幕的编辑	通过对字幕的编辑，能够实时查看字幕与画面的叠加效果，可以通过调整编辑文字的大小、字体、颜色、出现的方式、动画效果等，让视频更精彩。
⑦声音的编辑	能直接从 CD、MIDI 文件中录制波形声音文件，波形声音文件可以非常直接地在屏幕上显示波形的变化，可以对声音大小、强弱、长短等进行编辑。
⑧动画的编辑	能实时录制动画，还能通过抠像等方式实现动画或图像与实拍画面的合成，如画中画技术、绿、蓝屏抠像技术等，丰富了视频的效果。

图 5-58　节目制作过程

节目输出工作：可以将制作好的节目输出到硬盘上，保存为指定格式的文件；也可以输出到磁带，或制作成视频光盘以及在网络上发布的过程。

3. 常用视频处理软件

常用的视频处理软件有 Adobe Premiere、会声会影、Adobe AfterEffects 等。

- Adobe Premiere：是 Adobe 公司推出的功能强大的专业数字非线性编辑软件，它可以在 Microsoft Windows 平台和 Power Macintosh 平台下，将影像声音动画、照片、图形、文字及其他素材录制、创建和编辑成多种格式的软件。
- 会声会影：是一套专为个人及家庭所设计的影片剪辑软件，使用影片制作向导模式，只要几个步骤就可以快速制作出视频影片。使用编辑模式，从捕获、剪接、转场、特效、覆叠、字幕、配乐到刻录，可以全方面剪辑出家庭影片。
- Adobe AfterEffects：是流行的影视后期合成软件，与 Premiere 不同的是它侧重于视频物资加工和后期包装，主要用于电影、电视录像、Web 的动画图形和视频效果设计。可以与 Adobe 公司的其他产品如 Photoshop、Premiere 和 Illustrator 等结合使用，通过插件桥接还可以与 3DS Max、Flash 等软件联合使用。

5.3.2 使用 Premiere 软件处理视频

Adobe Premiere Pro CS6 是 Adobe 公司 2012 年推出的一款基于非线性编辑设备的音频、视频编辑软件，被广泛应用于电影、电视、多媒体、网络视频、动画设计以及家庭 DV 等领域的后期制作中，有很高的知名度。Premiere Pro CS6 可以实时编辑 HDV、DV 格式的视频影像，并可与 Adobe 公司的其他软件进行整合。

1. Adobe Premiere Pro 软件界面介绍

Premiere Pro CS6 的工作界面由三个窗口(项目窗口、监视器窗口、时间线窗口)、多个控制面板(媒体浏览、信息面板、历史面板、效果面板、特效控制台面板、调音台面板等)以及主声道电平显示、工具箱和菜单栏组成。如图 5-59 所示为 Premiere Pro CS6 软件界面。

图 5-59　Adobe Premiere Pro 视频界面

- 项目窗口：主要用于导入、预览和组织各种素材。导入视频文件最快捷的方式是直接将文件拖入，当然也可通过菜单栏中的"文件"菜单来打开文件。
- 监视器窗口：分为左右两个部分，左侧是"素材源"监视器，主要用于预览或剪裁项目窗口中选中的某一原始素材；右侧是"节目"监视器，主要用于预览时间线窗口序列中已经编辑的素材(影片)，控制并预览视频文件的演示。
- 时间线窗口：是以轨道的方式实施视频音频组接、编辑素材的阵地，用户的编辑工作都需要在时间线窗口中完成。素材片段按照播放时间的先后顺序及合成的先后层顺序在时间线上从左至右、由上至下排列在各自的轨道上，可以使用各种编辑工具对这些素材进行编辑操作。
- 工具箱：是视频与音频编辑工作的重要编辑工具，可以完成许多特殊编辑操作。包括选择工具、轨道选择工具、波纹编辑工具、滚动编辑工具、速率伸缩工具、剃刀工具、错落工具、滑动工具、钢笔工具、手形工具、缩放工具等。
- 信息面板：信息面板用于显示在项目窗口中所选中的素材的相关信息。包括素材名称、类型、大小、开始及结束点等信息。
- 媒体浏览器面板：媒体浏览器面板可以查找或浏览用户电脑中各磁盘的文件。
- 效果面板：其里存放了 Premiere Pro 自带的各种音频、视频特效，切换效果和预设效果，用户可以方便地为时间线窗口中的各种素材片段添加特效。
- 特效控制台面板：当为某一段素材添加了音频、视频特效之后，还需要在特效控制台面板中进行相应的参数设置和添加关键帧。制作画面的运动或透明度效果也需要在这里进行设置。
- 调音台面板：主要用于完成对音频素材的各种加工和处理工作，如混合音频轨道、调整各声道音量平衡或录音等。
- 主声道电平面板：显示混合声道输出音量大小的面板。当音量超出安全范围时，在柱状顶端会显示红色警告，用户可以及时调整音频的增益，以免损伤音频设备。
- 菜单栏：有"文件"、"编辑"、"项目"、"素材"、"序列"、"标记"、"字幕"、"窗口"和"帮助"九项，所有操作命令都包含在这些菜单及其子菜单中。

2．导入素材

Premiere Pro CS6 软件可以导入图片、声音、视频等多种素材。如图 5-60 所示，可一次性将多个视频文件导入到软件中。

3．剪辑视频

一段视频素材的全部或一部分放到轨道里以后就叫做片段，如果该片段是素材的一部分，则其余部分就是余量。片段开始的位置为"入点"，片段结束的地方为"出点"，其为相互关系。如图 5-61 所示，我们可以用视频编辑工具对视频进行"入点"、"出点"编辑。

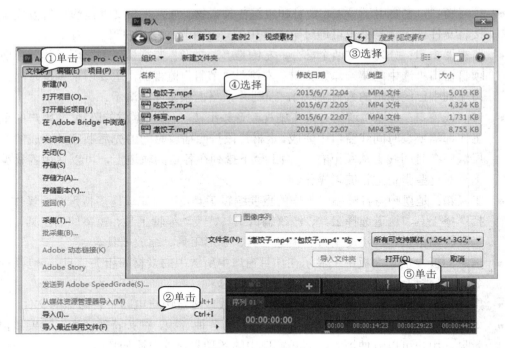

图 5-60　导入素材

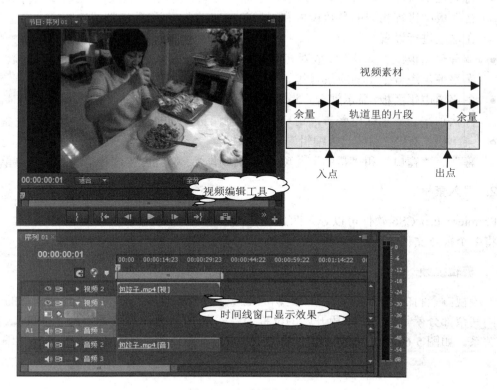

图 5-61　视频编辑图解

4．声音编辑

"调音台"面板主要用于完成对音频素材的各种加工和处理工作，如图 5-62 左图所示的混合音频轨道、调整各声道音量平衡或录音等。"主声道"面板是显示混合声道输出音量大小的面板，如图 5-62 右图所示，当音量超出安全范围时，在柱状顶会显示红色警告，用户可以及时调整音频的增减。

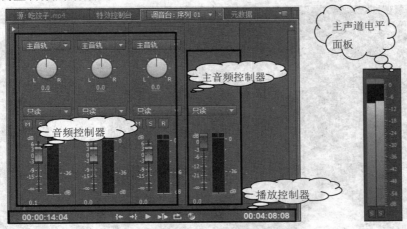

图 5-62　声音编辑

5．字幕编辑

在菜单栏中，选择"文件"→"新建"→"字幕"命令，弹出新建字幕窗口，如图 5-63 所示。在该窗口中，能够完成字幕的创建和修饰、运动字幕的制作以及图形字幕的制作等功能，字幕设计窗口主要分为以下 5 个区域。

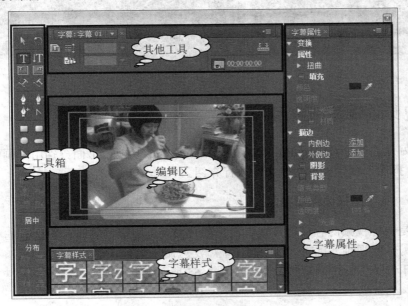

图 5-63　字幕编辑

6．影片输出

制作完成的作品可以多种格式输出，在菜单栏中选择"文件"→"导出"→"媒体"命令，在如图 5-64 所示的"导出设置"窗口中，选择"格式"下拉列表框中的不同格式预设，并为视频改名，然后单击"导出"按钮。

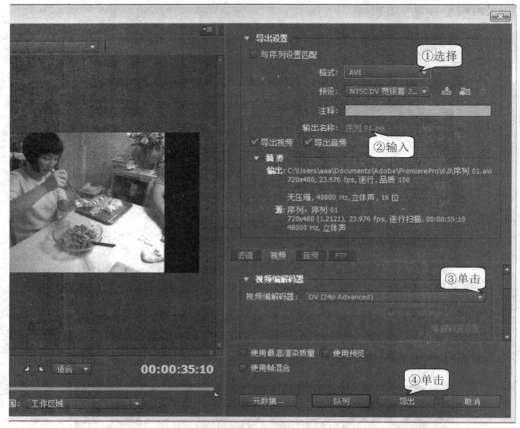

图 5-64　导出影片

5.3.3　视频编辑案例应用

为了更好地说明 Premiere Pro CS6 视频编辑软件的功能，下面分别用"画中画"视频编辑、"绿屏抠像"视频处理两个案例进行介绍。

实例 10　画中画视频编辑案例

画中画是一种视频内容呈现方式，在一部视频全屏播出的同时，于画面的小面积区域上同时播出另一部视频。目前"画中画"被广泛应用于电视、视频录像、监控、演示设备。以下为"欢乐饺子"画中画视频效果，如图 5-65 所示。

常规视频画面　　　　　　　　　　　　　　画中画视频

图 5-65　画中画视频效果

 跟我学

1. **导入全屏视频**　选择"文件"→"导入"命令，如图 5-66 所示将"包饺子.mp4"视频文件导入到项目中，并拖动"包饺子.mp4"到"视频 1"的视频轨上。

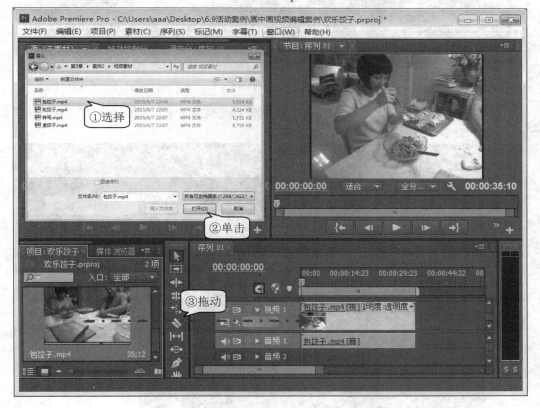

图 5-66　导入全屏视频

2. **导入特写视频**　选择"文件"→"导入"命令，如图 5-67 所示将"特写.mp4"视频文件导入到项目中，并拖动"特写.mp4"到"视频 2"的视频轨上。

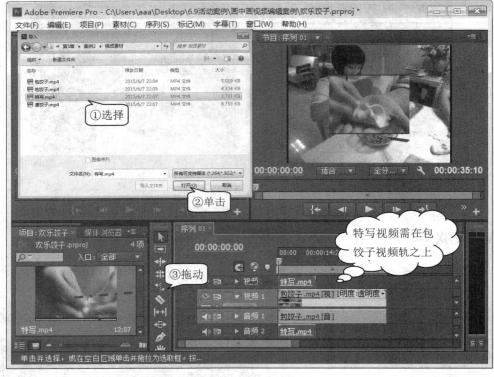

图 5-67　导入特写视频

3. **调整画中画视频**　如图 5-68 所示，调整特写视频的大小、视频在大画面中的位置以及在视频轨上出现的时间。

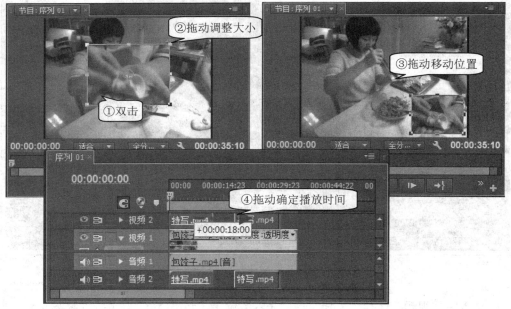

图 5-68　调整画中画视频

实例 11　视频抠像处理案例

本例是小学英语三年级《Bugs Bunny and friends》一节课，主题是小动物，围绕如何描述动物的外貌特征，教授 4 个动物单词和相关句型。本课是先在绿布的背景下进行拍摄，再进行背景的更换与绿屏抠像的处理，视频效果如图 5-69 所示。

绿屏拍摄视频　　　　　　　　　　　　　　　绿屏抠像处理后

图 5-69　视频抠像处理效果图

跟我学

1. **导入背景图片**　选择"文件"→"导入"命令，先将"背景 1.jpg"图片文件导入到项目中，如图 5-70 所示拖动"背景 1.jpg"到"视频 1"的视频轨上。

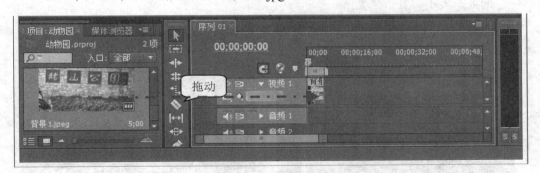

图 5-70　导入背景图片

2. **插入绿屏视频**　选择"文件"→"导入"命令，如图 5-71 所示将"绿屏源视频.mov"视频文件导入到项目中，并拖动"绿屏源视频.mov"到"视频 2"的视频轨上。

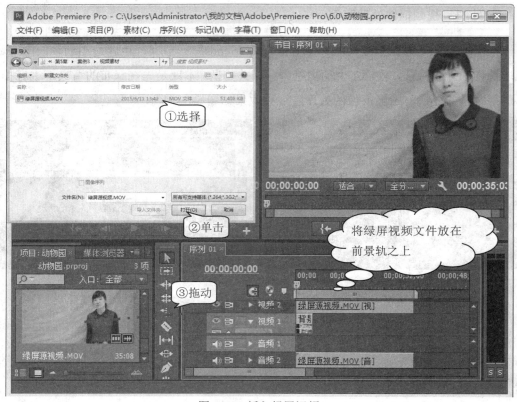

图 5-71　插入绿屏视频

3. **调整视频大小与位置**　如图 5-72 所示，调整"绿屏源视频.mov"视频在背景图片上的显示大小、显示位置。

图 5-72　调整视频大小与位置

4. **选择"色度键"选项**　如图 5-73 所示，在"效果"选项卡中选择"视频特效"→"键控"→"色度键"命令。

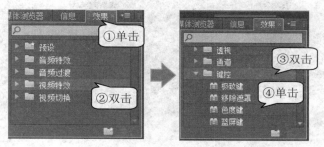

图 5-73 选择色度键选项

5. **吸取背景颜色** 如图 5-74 所示，选择"特效控制台"选项，单击"色度键"的"颜色"选项中的"吸管"图标，在"绿屏源视频.mov"视频中吸取背景绿色。

图 5-74 吸取背景颜色

6. **设置相似性参数** 如图 5-75 所示，在"特效控制台"选项中设置"相似性"的数值，使"绿屏源视频.mov"视频背景的绿色消失，完成视频的抠像处理。

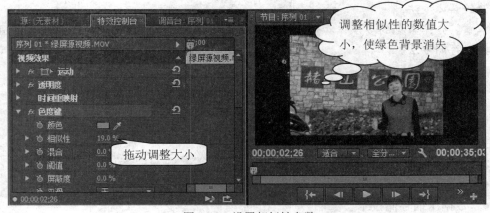

图 5-75 设置相似性参数

第 6 章

多媒体存储技术

多媒体信息经过数字化处理后，生成的数据文件会占用巨大的存储空间，其在处理过程中不但质量要求较高，而且要解决数据通信等网络问题，这样会给当前计算机的存储、处理和实时传输能力的提高带来很大的困难。为解决多媒体数据量过大的问题，多媒体数据压缩和存储技术应运而生，多媒体数据压缩技术研究的是如何有效地压缩数据文件；多媒体存储技术则重点研究大容量、低成本存储设备和海量信息存储方式。了解和掌握多媒体存储和数据压缩技术，将有助于我们更好地理解多媒体数据处理的本质，学会多媒体数据存储的具体方法。

本章将介绍常见的多媒体存储系统和数据压缩技术，并通过实例，介绍几种实用的多媒体数据存储方法。

本章内容：
- 多媒体存储技术概述
- 数据压缩存储技术
- 数据存储方式

6.1　多媒体存储技术概述

当前，主流的多媒体存储技术是光存储技术，光存储设备有着容量大、成本低、携带方便、可靠性高等特点，被广泛用于多媒体信息的存储。

6.1.1　光存储的类型

光存储设备包括光盘和光盘驱动器。光盘即光存储介质，有多种类型。按物理格式分有 CD、DVD、BD(Blu-Ray Disk，蓝光)光盘；按应用格式分有音频、视频、数据和混合光盘；按工作原理分有光技术和磁光技术结合的光盘；按读写限制分有只读光盘、一次性可写光盘和可擦写光盘。下面按最后一种分类方法介绍。

1. 只读光盘

只读光盘以 CD-ROM 为代表。CD-Audio、VCD、DVD-Audio、DVD-Video、DVD-ROM、BD 等也都是只读式光盘。CD-ROM 光盘容量为 650～700MB。光盘是由母盘压膜制成，一旦复制成型，永久不变，用户只能读出信息，不能修改或写入新的信息。只读光盘特别适于廉价、大批量地存放同一种信息。

2. 一次性可写光盘

一次性可写光盘又称 WORM(write once read many)，光盘在使用前首先要进行格式化，形成格式化信息区和逻辑目录区，利用激光照射介质，使介质变异，利用激光不同的变化，使其产生一连串排列的"点"，从而完成写的过程。WORM 光盘的特点是只能写一次但可以多次读，且信息一旦写入就不能再更改。

目前这类光盘的主要产品为 CD-R(Recordable)、DVD-R、DVD+R 和 BD-R，俗称刻录盘。它们适用于需要少量光盘的场合，可以免除高成本母盘的制作过程，具有经济、方便的优点。

3. 可擦写光盘

可擦写光盘可以像硬盘一样读写，光盘写入后可以擦除，并再次写入。常见的可擦写光盘有采用光技术的 CD-RW、DVD-RW、DVD+RW、DVD-RAW、BD-RE(Re-Erasable，可再次擦抹)等光盘，还有磁光技术相结合的 MO 光盘。可擦写光盘是软盘等慢速、小容量移动存储设备的良好替代品，但随着 U 盘、移动硬盘等移动存储设备的普及和降价，日常已经较少使用，有被淘汰的可能。

知识库

1. CD、DVD、BD 光盘技术比较

光存储技术主要历经了三代发展，分别是第一代 CD、第二代 DVD、第三代 BD 蓝光，三代产品的技术指标比对参见表 6-1。

表 6-1　主要光盘技术的比较

指标	CD	DVD	BD
推出时间	1979	1995.10	2006.6
激光波长	780nm	650nm	405nm
尺寸	12/8cm	12/8cm	12/8cm
盘面	单面	单面/双面	单面/双面
层数	单层	单层/双层	1～8 层
容量	650MB	4.7～8.5GB	25～200GB
传输速率	150Kbps	4.69Mbps	36Mbps

2. 光存储技术的发展趋势

随着光学技术、激光技术、微电子技术、材料科学、细微加工技术、计算机与自动控制技术的发展，光存储技术在记录密度、容量、数据传输率、寻址时间等关键技术上将有巨大的发展潜力。光盘存储在功能多样化、操作智能化方面都将会有显著的进展。随着光量子数据存储技术、三维体存储技术、近场光学技术、光学集成技术的发展，光存储技术必将成为信息产业中的支柱技术之一。

6.1.2　光存储技术基本原理

光存储是由光盘表面的介质影响的，光盘上有凹凸不平的小坑，光照射到上面有不同的反射，再转化为 0、1 的数字信号就成了光存储。刻录光盘也是这样的原理，就是在刻录的时候光比较强，烧出了不同的凹凸点。

1. 光盘的物理结构

要在光盘上面储存数据，需要借助激光把经过转换后的二进制数据用数据模式刻在扁平、具有反射能力的盘片上。而为了识别数据，光盘上定义激光刻出的小坑就代表二进制的 "1"，而空白处则代表二进制的 "0"。DVD 盘的记录凹坑比 CD-ROM 更小，且螺旋储存凹坑之间的距离也更小。DVD 存放数据信息的坑点非常小且非常紧密，最小凹坑长度仅为 0.4μm，每个坑点间的距离只是 CD-ROM 的 50%，并且轨距只有 0.74μm。如图 6-1(a)

所示是光盘螺旋轨道示意图，图 6-1(b)所示是光盘截面示意图。

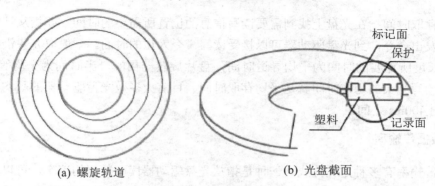

(a) 螺旋轨道　　　　　　　　　　(b) 光盘截面

图6-1　光盘的结构示意图

2．光盘的读取原理

CD 光驱、DVD 光驱等一系列光存储设备，其主要的部分就是激光发生器和光监测器。光驱上的激光发生器实际上就是一个激光二极管，可以产生对应波长的激光光束，然后经过一系列的处理后射到光盘上，再经由光监测器捕捉反射回来的信号从而识别实际的数据。如果光盘不反射激光则代表那里有一个小坑，那么电脑就知道它代表一个"1"；如果激光被反射回来，电脑就知道这个点是一个"0"，然后电脑就可以将这些二进制代码转换成为原来的程序。当光盘在光驱中做高速转动时，激光头在电机的控制下前后移动，数据就这样源源不断地读取出来了，如图 6-2 所示。

1 1 1 1 0 0 0 1 1 1 1 1 1 1 0

图6-2　凹痕与记录数据的关系示意图

6.1.3　光存储系统的技术指标

光存储系统的技术指标主要包括容量、平均存取时间、数据率、误码率及平均无故障时间等。

1．存储容量

存储容量指它所能读写的光盘盘片的容量。光盘容量又分为格式化容量和用户容量，采用不同的格式和不同驱动器，光盘格式化后的容量不同。一般用户容量比格式化容量要少，因为光盘还需要存放有关控制、校验等信息。目前提高光盘存储容量的方法有多种，通常以提高位密度和道密度来实现。其主要途径是缩短所用激光的波长，利用光斑边界记录取代光斑位记录或采用区位记录等方式。

2．平均存取时间

平均存取时间指在光盘上找到需要读写信息的位置所需要的时间，即指从计算机向光盘驱动器发出命令，到光盘驱动器可以接受读写命令为止的时间。一般取光头沿半径移动全程 1/3 长度所需要的时间为平均寻道时间，盘片旋转一周的一半时间为平均等待时间，两者加上读写光头的稳定时间就是平均存取时间。目前大多数光盘驱动器的平均存取时间在 50ms 到 400ms 之间。

3．数据传输率

数据传输率有多种定义方式。一种是指从光盘驱动器读取数据的速率，可以定义为单位时间内从光盘的光道上读取数据的比特数，这与光盘转速、存储密度有关。另一种定义是指控制器与主机间的传输率。它与接口规范、控制器内的缓冲器大小有关。对于 CD-ROM，其数据传输速率已从初期的 150KB/s(单倍速)提高到 7.8MB/s(52 倍速)。

4．误码率

采用复杂的纠错编码可以降低误码率。存储数字或程序对误码率的要求较高，存储图像或声音数据对误码率的要求则较低。CD-ROM 要求的误码率为 $10^{-12}\sim10^{-16}$。

5．平均无故障时间

CD-ROM 的平均无故障时间(MTBP)要求达到 25000 小时。

6.2 数据压缩存储技术

解决多媒体数据量过大的方法有两种：一是提高存储介质的容量及通信信道的带宽；二是对多媒体数据进行有效的压缩。显然，前一种方法成本高、技术难度大，可扩充性不好；而后一种方法则成为解决这一问题的较为可行的一种途径。

6.2.1 数据压缩概述

数据压缩是通过减少计算机中所存储数据或者通信传播中数据的冗余度，达到增大数据密度，最终使数据的存储空间减少的技术。数据压缩包括数据的压缩和解压缩过程，压缩就是对数据进行编码，解压缩就是数据的解码，又称数据还原。通常，人们把包括压缩与解压缩内容的技术统称为数据压缩技术。多媒体数据压缩编码技术是多媒体技术中最为关键的技术。

1．数据压缩的必要性

数字化后的多媒体信息的数据量非常庞大，例如，对于彩色电视信号的动态视频图像，数字化处理后的 1 秒钟数据量达十多兆字节，650MB 容量的 CD-ROM 仅能存 1 分钟的原始电视数据。超大数据量给存储器的存储容量、带宽及计算机的处理速度都带来了极大的压力，因此，需要通过多媒体数据压缩编码技术来解决数据存储与信息传输的问题。

2．数据压缩的可能性

数据压缩技术一直是多媒体技术的热点之一，多媒体中数据的压缩主要指图像(视频)和音频的压缩，它的潜在价值相当大，是计算机处理图像和视频以及网络传输的重要基础。数字化后的多媒体信息的图像、视频信号和音频信号数据中存在很大冗余(包括空间冗余、时间冗余、结构冗余、知识冗余、视觉冗余、图像区域相同性冗余、纹理统计冗余等)，使数据压缩成为可能。数据压缩的实质是在满足还原信息质量要求的前提下，采用代码转换或消除信息冗余量的方法来实现对采样数据量的大幅缩减。

3．压缩技术的评价

压缩编码技术是数据压缩技术的核心，编码的方法非常多，编码过程一般都涉及较深的数学理论基础问题。在众多的压缩编码方法中，衡量一种压缩编码方法优劣的重要指标有：压缩比要高、压缩与解压缩速度要快、算法要简单、硬件实现要容易、解压缩质量要好。在选用编码方法时还应考虑信源本身的统计特征、多媒体软硬件系统的适应能力、应用环境及技术标准等。

6.2.2　数据压缩分类

多媒体数据压缩方法的本质是压缩编码的方法，也称压缩算法。算法有很多种，按照压缩后的质量是否存在损失划分，压缩编码方法可以分为有损压缩编码和无损压缩编码。如图 6-3 所示为这种分类方法的简图。

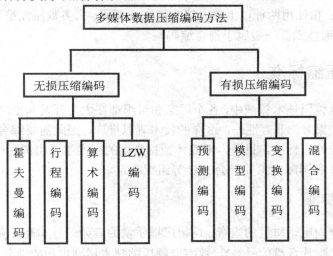

图6-3　多媒体数据压缩编码分类

1. 无损压缩编码

无损压缩编码，也称熵编码，是指使用压缩后的数据进行还原后，得到的数据与原数据完全相同，不存在数据丢失的压缩编码。无损压缩编码是可逆的。因此无损压缩具有可逆性和可恢复性，不存在任何误差。

典型的无损压缩编码有霍夫曼编码、算术编码、行程编码、LZW(Lempel Ziv Welch)编码。其中，霍夫曼编码、算术编码、行程编码都属于统计编码。

统计编码就是利用信源符号出现的不等概率特点，给各信源符号以不同长度的编码，出现概率大的符号码字短，出现概率小的符号码字长，从而获得较低的平均码长。

无损压缩编码一般用于要求严格、不允许丢失数据的场合，如医疗诊断中的图像系统、卫星通信系统、传真及军事等应用领域。

2. 有损压缩编码

有损压缩编码是指使用压缩后的数据进行还原后，得到的数据存在与原数据不同的地方，存在数据丢失的压缩编码。有损压缩编码是不可逆的。因此，有损压缩具有不可逆性和不可恢复性，与原始数据存在误差。有损压缩编码主要有预测编码、变换编码、模型编码及混合编码等。

- 预测编码：根据信号间具有高度相关性的特点，通过相邻信号预测信号的数值，存储预测误差或对预测误差进行处理，从而降低数据存储量。
- 变换编码：把时域(如时间波形)和空域(如图像像素采样值)信号通过某种变换，变为另一个信号空间(如频域)，以消除信号间的相关性，然后对变换后的信号进行处理。它包括离散余弦变换 DCT 和小波变换等。
- 模型编码：通过对信号建立模型，抽取特性参数，只存储和传输这些参数。解码时根据同一模型，由这些参数重建原始信号数据。
- 混合编码：指使用两种以上的上述方法进行编码。大多数压缩编码国际标准都使用了多项压缩技术，一般属于混合编码。

6.2.3　数据压缩标准

在多媒体数据编码技术领域中，各个厂家和组织都在大力开发和推广自己的编码技术，使得编码产品种类繁多、兼容性差，这样的技术难以推广，因此需要综合现有的编码技术，制定出全球统一的编码标准。目前，多媒体数据压缩的标准主要由国际电信联盟 ITU、国际标准化组织 ISO 和国际电工委员会 IEC 等组织制定。

1. 音频压缩标准

音频信号可分为电话质量的语音、调幅广播质量的音频信号和高保真立体声信号(如调频广播信号、激光唱片音盘信号等)，数字音频压缩技术标准也相应地分为电话语音压缩、调幅广播语音压缩和调频广播及 CD 音质的宽带音频压缩三种。

- 电话(200hz-3.4Khz)语音压缩标准：主要有 ITU(国际电信联盟)的 G.722(64kb/s)、G.721(32kb/s)、G.728(16kb/s)和 G.729(8kb/s)等建议，用于数字电话通信。
- 调幅广播(50hz-7khz)语音压缩标准：主要采用 ITU 的 G.722(64kb/s)建议，用于优质语音、音乐、音频会议和视频会议等。
- 调频广播(20hz-15khz)及 CD 音质(20hz-20khz)的宽带音频压缩标准：主要采用 MPEG-1、MPEG-2 及杜比 AC-3 等建议，用于 CD、MD、MPC、VCD、DVD、HDTV 和电影配音等。

2. 图像压缩标准 JPEG

现在大多数图像都采用 JPEG 技术进行压缩，可以在保证图像质量的前提下，大大减少图像文件的存储容量。JPEG(Joint Photographic Experts Group，联合图像专家组)是指由 CCITT(国际电报电话咨询委员会)和 ISO(国际标准化组织)联合组成的图像专家小组。该组织开发出了具有连续色调、多级灰度和静态图像特点的数字图像压缩编码方法，即 JPEG 标准。JPEG 专家组的目的是开发适合以下要求的色彩静态图像压缩方法。

- 达到或接近高保真的技术水平，人的视觉难以区分原始图像与压缩图像。
- 使用于任何种类的连续色调图像，不受图像大小和长度比的限制。
- 图像内容可以是具有任何复杂程度和形式的统计特征。
- 计算的复杂性是可控的，能够适用于各种 CPU，算法可以通过硬件实现。
- 能够支持 4 种编码方式，包括顺序编码(每一个图像从左到右，从上到下扫描完成编码)、累进编码(图像编码多次扫描完成，传输显示时由轮廓到清晰累进完成)、无失真编码(经编码后完全多次恢复原始图像采样值的编码，其压缩比低于有损压缩)、分层编码(图像按多个空间分辨率编码，若传输速度慢或显示分辨率低，则只需要做低分辨率解码)。

3. 视频压缩标准 MPEG

ITU 与 ISO/IEC 是制定视频编码标准的两大组织，ITU 的标准包括 H.261、H.263、H.264，主要应用于实时视频通信领域，如会议电视；MPEG 系列标准是由 ISO/IEC 制定的，主要应用于视频存储(DVD)、广播电视、因特网或无线网上的流媒体等。两个组织也共同制定了一些标准，H.262 标准等同于 MPEG-2 的视频编码标准，而 H.264 标准则被纳入 MPEG-4 的第 10 部分。MPEG 系列标准包含 MPEG-1、MPEG-2、MPEG-4、MPEG-7 和 MPEG-21 五个具体标准，每种编码都有各自的目标问题和特点。

- MPEG-1 标准的目标是以约 1.5Mbps 的速率传输电视质量的视频信号、分辨率为 360×240 像素的亮度信号、分辨率为 180×120 像素的色度信号，每秒 30 帧。这是世界上第一个用于运动图像及其伴音的编码标准，主要应用于 VCD，其音频第 3 层即 MP3 广泛流行。该标准于 1988 年 5 月提出，1992 年 11 月形成国际标准。
- MPEG-2 标准于 1990 年 6 月提出，1994 年 11 月形成国际标准。该标准的视频分量的位速率范围为 2M～15Mbps，分辨率有低(350×288 像素)、中(720×480 像素)、次高(1440×1080 像素)、高(1920×1080 像素)等不同档次，压缩编码方法也从简单到复杂分为不同的等级，广泛应用于数字机顶盒、DVD 和数字电视。

- MPEG-4 标准于 1993 年 7 月提出，在 1999 年 5 月形成国际标准。该标准是一种基于对象的视音频编码标准，采用 MPEG-4 技术，使一个场景可以实现多个视角、层次、多个音轨，以及立体声和 3D 视角，这些特性使得虚拟现实成为可能。MPEG-4 标准制定了大范围的级别和框架，可广泛应用于各行各业。

- MPEG-7 标准于 1997 年 7 月提出，在 2001 年 9 月形成国际标准。该标准是一种多媒体内容描述标准，定义了描述符、描述语言和描述方案，支持对多媒体资源的组织管理、搜索、过滤、检索等，便于用户对其感兴趣的多媒体素材内容进行快速有效地检索。可应用于数字图书馆、各种多媒体目录业务、广播媒体的选择、多媒体编辑等领域。

- MPEG-21 标准与 MPEG-7 标准几乎是同步制定的，于 2001 年 12 月完成。MPEG-21 标准的重点是建立统一的多媒体框架，为从多媒体内容分布到消费所涉及的所有标准提供基础体系，支持连接全球网络的各种设备透明地访问各种多媒体资源。

6.2.4　数据格式转换

日常使用多媒体数据文件时，经常需要对文件进行压缩和转换格式，以便适应不同的应用需求。数据格式转换的实质就是数据压缩编码或是编码标准改变的过程。可以使用多媒体编辑软件来完成格式转换，也可以使用一些专用的工具软件如"格式工厂"软件来实现。

实例 1　使用"格式工厂"软件转换视频格式

"格式工厂"软件是一款免费的多媒体文件格式转换软件，可以实现大多数视频、音频和图像数据的格式转换。本实例将使用"格式工厂"软件完成视频文件的压缩转换。

如图 6-4(a)所示是一段用手机拍摄的 MOV 格式的 720P 高清视频，为了上传网络，需缩减视频文件体积，并转换成 FLV 格式的 Flash 视频；图 6-4(b)所示是处理完成的视频。

(a) 转换前：MOV 格式，分辨率 1280×720，26.8MB　　(b) 转换后：FLV 格式，分辨率 640×360，1.22MB

图6-4　视频压缩前后的比较

跟我学

1. **下载软件** 访问格式工厂官方网站，网址 www.pcfreetime.com，下载"格式工厂"软件。
2. **安装软件** 双击安装程序 FormatFactory_setup.exe，按照安装向导提示完成软件安装。
3. **启动软件** 选择"开始"→"所有程序"→"格式工厂"→"格式工厂"命令，启动"格式工厂"软件。
4. **认识界面** 软件启动后，界面如图 6-5 所示。

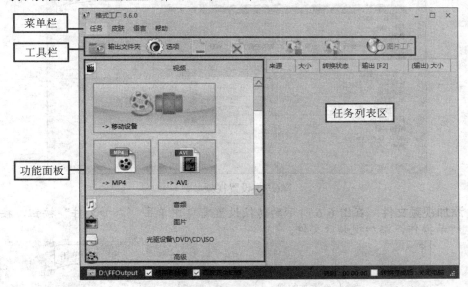

图6-5 "格式工厂"软件界面

5. **选择转换方式** 按图 6-6 所示操作，选择"视频"功能面板中的"->FLV"(转换到 FLV)，进入"->FLV"转换设置窗口。

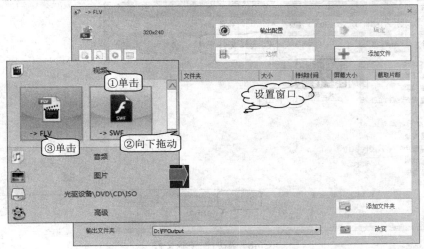

图6-6 选择视频转换方式

6. 设置输出配置 单击"输出配置"按钮，按图 6-7 所示操作，设置视频参数。

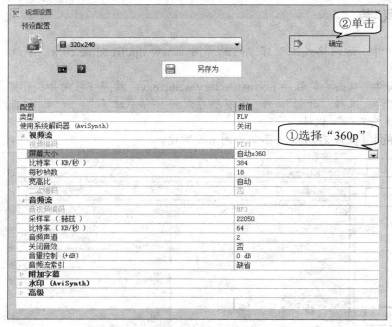

图6-7 设置视频参数

7. 添加视频文件 在图 6-6 所示的转换设置窗口中单击"添加文件"按钮，按图 6-8 所示操作，添加视频源文件。

图6-8 添加视频源文件

8. 进行视频转换　单击工具栏上的"开始"按钮，完成视频转换，如图 6-9 所示。

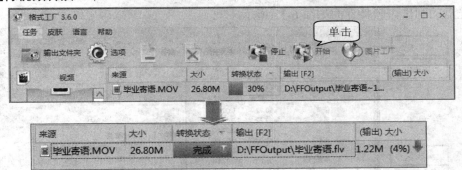

图6-9　进行视频转换

　　　进行视频转换，需要计算机有较强的性能，如果转换的视频文件较多，应尽量选用配置高的计算机。

6.3　数据存储方式

多媒体数据文件的存储有多种方式，除了前面介绍的光盘存储方式外，还可以使用移动存储设备、网络存储等，本书着重介绍光盘和网络云存储两种方式。

6.3.1　光盘刻录

日常使用中，要将数据存储在光盘上，一般采取光盘刻录的方式。首先要根据需要准备好相应类型的刻录光盘，并在计算机上安装好刻录机(如图 6-10 所示)，然后使用刻录软件进行光盘刻录操作。

图6-10　刻录光盘和刻录机

实例 2　使用 Nero 刻录音乐 CD 光盘

Nero Burning ROM 是一款主流的光盘刻录软件，使用 Nero 可以制作数据、音频、视频甚至混合光盘等多种类型的多媒体光盘，同时 Nero 还支持主流的 CD、DVD、蓝光刻录光盘。本例中将选择 Nero Multimedia Suite 10 套件中的 Nero Burning ROM 软件进行音乐 CD 光盘的制作，软件界面如图 6-11 所示。

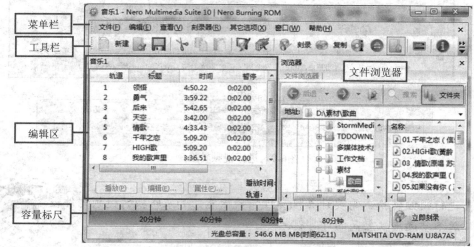

图6-11　Nero Burning ROM 软件界面

 跟我学

1. **启动软件**　选择"开始"→"所有程序"→"Nero"→"Nero 10"→"Nero Burning ROM"命令，启动软件。
2. **新建刻录任务**　软件启动后，弹出"新编辑"对话框，按图 6-12 所示操作，选择刻录音乐光盘，进入软件主界面。

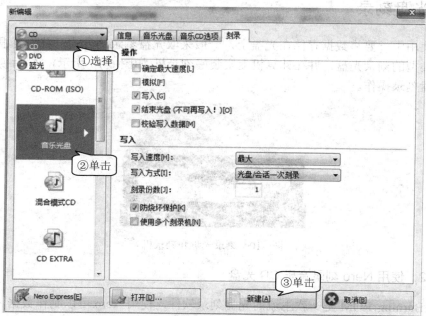

图6-12　新建刻录任务

3. **添加音乐文件** 按图 6-13 所示操作，将音乐文件添加到左侧编辑窗口中。

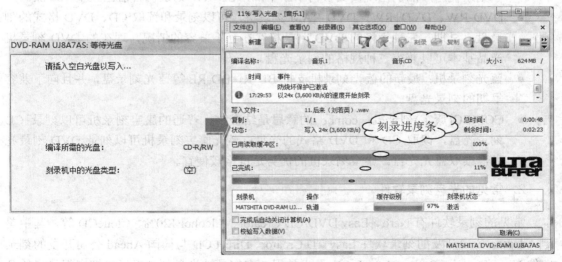

图6-13 添加音乐文件

Nero 支持 WAV、MP3、WMA 等多种音频文件格式的添加；添加文件时，注意下方的标尺，当刻录内容超出刻录盘容量时，会出现红色提

4. **开始刻录** 单击 Nero 窗口右下角的 按钮，出现如图 6-14 所示的"等待光盘"提示对话框，将空白 CD-R 刻录盘插入刻录机，即可开始刻录。

图6-14 进行光盘刻录

5. **完成刻录** 按图 6-15 所示操作，完成光盘刻录，完成后光盘将自动弹出。

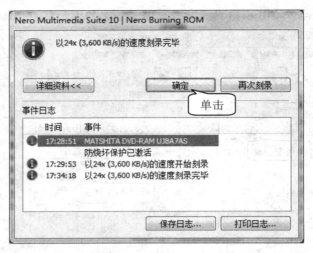

图6-15　完成刻录

 知识库

1. 常见的光盘刻录机

与刻录光盘相配套，刻录机也分为多种类型，一般来说较新的刻录机产品可以向下兼容之前的产品，常见的刻录机有以下几种。

- CD-RW 刻录机：可以刻录 CD-R 和 CD-RW 光盘，读取 CD 格式的各种光盘。由于刻录机新产品的出现及其价格不断下降，CD-RW 刻录机目前已经基本淘汰。
- DVD-RW、DVD+RW、DVD-RAM 刻录机：可以刻录和读取 CD、DVD 格式的刻录盘。早期，三种规格的 DVD 刻录机存在互不兼容的情况，现在的 DVD 刻录机产品基本可以兼容三种规格的刻录光盘。
- 蓝光刻录机：最新的蓝光刻录机支持 BD-R、BD-RE 等蓝光刻录盘，并且向下兼容早期的刻录光盘。
- COMBO(康宝)刻录机：combo 的意思是结合物，普通的康宝刻录机可以刻录 CD刻录光盘，读取 CD 和 DVD 格式的光盘；蓝光康宝刻录机可以刻录 DVD 刻录光盘，读取蓝光光盘。康宝刻录机的优势是价格较便宜。

2. 常见的光盘刻录软件

常见的刻录软件有 Nero、Easy DVD/CD Creator、Alcohol 120%、CloneCD 等，其中美国 Adaptec 公司开发的刻录软件 Easy CD Creator、Direct CD 与德国 Ahead 公司开发的刻录软件 Nero Burning Rom、Nero InCD 最为常用，它们是被光盘刻录机厂商捆绑得最多的几款刻录软件，同时也是目前功能最齐全的刻录软件。另外还有一些多媒体编辑软件(如 Ulead 的会声会影)、Windows 操作系统(Windows XP 以上版本)也具备光盘刻录功能。

6.3.2　云盘存储

随着云计算技术的发展，网络云存储越来越普及。与传统存储方式相比，云存储有着海量存储空间且易扩展、使用管理方便和成本低等优点，它可以使用 PC 机、手机或平板电脑等客户端，方便地将多媒体文件上传或同步到云端，实现数据的备份和共享。

实例 3　使用腾讯微云存取照片

云存储是一种数据存储服务，又称网络硬盘、网络云盘等。许多网络服务商都针对个人或企业用户提供了免费的或收费的云盘服务。比较知名的有百度云云盘、360 云盘、115 网盘、金山快盘、腾讯微云等。本例中，将使用腾讯微云存储数码照片等多媒体资料。

云盘的使用可采取在线方式和客户端方式两种。在线方式使用方便，不需额外安装软件；客户端方式可以实现更多功能，如网络同步功能。本例使用客户端方式，首先要下载安装腾讯微云客户端，接着使用 QQ 账号开通并登录微云服务，然后即可使用微云上传下载资料了。

跟我学

1. **下载软件**　访问腾讯微云网站，网址 www.weiyun.com，下载微云 Windows 客户端。
2. **安装软件**　双击下载的安装程序，按照安装向导提示完成软件安装。
3. **启动软件**　选择"开始"→"所有程序"→"腾讯软件"→"腾讯微云"→"腾讯微云"命令，启动软件，弹出登录对话框。
4. **登录微云**　按图 6-16 所示操作，输入 QQ 账号登录微云，并打开客户端程序窗口。

图6-16　登录腾讯微云

如果没有 QQ 账号，可以先注册申请 QQ 号码，申请成功后就可以开通并使用微云。

5. **新建文件夹**　根据数据存储的类型，按图 6-17 所示操作，建立分类文件夹。

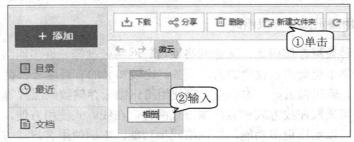

图6-17　新建文件夹

6. **上传照片**　双击打开"相册"文件夹，按图 6-18 所示操作，上传本机照片文件到"相册"文件夹。

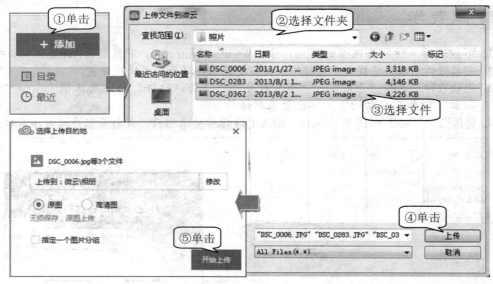

图6-18　上传照片

7. **浏览照片**　完成照片上传后，在任意联网的客户端上，登录微云即可在线查看照片或下载照片文件。

 知识库

1. 云存储

云存储是在云计算概念上延伸和发展出来的一个新的概念，是指利用集群应用、网格技术或分布式文件系统等功能，将网络中大量各种不同类型的存储设备通过应用软件集合起来协同工作、共同对外提供数据存储和业务访问功能的一个系统。当云计算系统运算和处理的核心是大量数据的存储和管理时，云计算系统中就需要配置大量的存储设备，那么云计算系统就转变成为一个云存储系统，所以云存储是一个以数据存储和管理为核心的云计算系统。

2. 常见云盘

云盘又称网盘，国内常用的个人云盘见表 6-2。

表 6-2　常见云盘

云盘名称	服务商	网址
百度云网盘	百度	http://yun.baidu.com/
360 云盘	奇虎 360	http://yunpan.360.cn/
快盘	迅雷	http://www.kuaipan.cn/
微云	腾讯	http://www.weiyun.com/
115 网盘	115 科技	http://www.115.com/

第 7 章

网络多媒体技术

随着信息社会的不断发展，人们不仅需要传送文本、声音、静态图像和动态影像，对交互性和高实时性也有了越来越高的要求。网络多媒体技术就是把多媒体技术和计算机网络通信技术有机地结合起来，它综合了计算机技术、网络技术、通信技术等领域的技术成果，已经成为世界上发展最快且最有活力的高新技术之一。

本章主要介绍多媒体通信及协议、网络多媒体技术的应用及流媒体相关技术。

本章内容：
- 网络多媒体通信技术
- 网络多媒体技术应用
- 网络多媒体技术协议
- 流媒体技术

7.1　网络多媒体通信技术

随着互联网的发展，用户对各种应用的要求不断增长，这些应用涉及计算机、通信、娱乐、有线电视、教育等行业。伴随着技术的迅猛发展，多媒体通信成为最流行的一个新领域。

7.1.1　多媒体通信的性能需求

多媒体通信对网络环境要求较高，这种要求通过综合业务需求、传输速率、吞吐量、差错率及传输延迟等反映出来。

1．综合业务需求

由于多媒体数据包含了文本、图形、图像、音频、视频等多媒体对象，而不同类型的数据有着不同的特点，对网络通信系统也有着不同的需求。所以，网络多媒体系统应当能够为不同类型的数据提供与其相适应的通信性能，能够将不同的业务有机结合起来，提供和支持多种通信模式，如点到点、点到多点、多点到多点，并完成相关管理任务。

2．吞吐量需求

网络吞吐量，也称为有效带宽，一般指单位时间内网络传送数据的有效速率，单位为位/秒(bps)。

网络吞吐量与网络传输速率(带宽)严格来说是有区别的。网络吞吐量通常定义成物理链路的传输速率减去各种传输开销，如物理传输开销以及网络冲突、瓶颈、拥塞和差错等开销。吞吐量实际上要小于传输速率，但在许多情况下，人们习惯将额外开销忽略不计，直接把网络传输速率当作吞吐量。

3．可靠性需求

反映网络传输可靠性的一个重要性能指标是差错率。差错率是对网络传送过程中数据发生丢失、改动、重复和失序等现象的比率的描述，也是对网络正确传送数据和出错恢复能力的度量。

在网络传输中，主要有以下几种情况可能导致差错的发生：数据包丢失或改动；数据失序；具有检测机制的网络在检测到错误时，将有错误的数据包丢弃。

需要特别指出的是，数据传输与其他媒体信息不同，对差错率的要求很高。比如银行转账、股市行情、科学数据和精密控制命令等的传输都不允许有任何一点差错。

4．延迟与抖动控制需求

在端到端的传输过程中，延迟指从发送端发送一个分组，到接收端正确接收到该分组所经历的时间。一般传输延迟时间由以下三个部分组成。

- 端口延迟：表示发送(或接收)端等待网络调度并从开始准备发送(或接收)数据块到实际利用网络发送(或接收)所需要的时间。

- 传播延迟：表示端到端之间传输一个二进制位所需要的时间。这是一个固定的物理参数，仅与传输距离有关。
- 网络传输延迟：表示端到端之间传输一个数据块(如分组)所需要的时间，该参数与网络传输速率和中间节点处理延迟有关，也可以分为发送延迟和处理延迟。

5．多点通信需求

多媒体通信涉及音频和视频数据，在网络多媒体应用中有广播(Broadcast)和多播(Multicast)信息。因此除常规的点对点通信外，多媒体通信需要具有支持广播和多播的能力。

6．同步需求

多媒体通信同步有两种类型：流内同步和流间同步。流内同步是保持单个媒体流内部的时间关系，即按照一定的延迟和抖动约束传送媒体分组流，以满足感官上的需要。流间同步是不同媒体间的同步。

7.1.2　多媒体通信网络

多媒体通信网络是实现多媒体网络通信的基本环境，是在现有通信网络的基础上发展而成的。

目前的通信网络可以分为四大类：一是由电信运营商投资建设的电信网络，如公用电话网(PSTN)、分组交换网(PSPDN)等；二是由相关机构建立的计算机网络，如局域网(LAN)、城域网(MAN)、广域网(WAN)等；三是广播电视部门建设的电视传播网络，如有线电视网(CATV)、卫星电视网等；四是由移动通信公司建设的如 GSM 网、3G、4G 等。

7.2　网络多媒体技术应用

多媒体技术借助高速发展的互联网，可实现计算机的全球联网和信息资源共享，被广泛应用在咨询服务、图书、教育、通信、军事、金融、医疗等诸多行业，并正潜移默化地改变着我们的生活面貌。

网络多媒体技术应用可分为以下几类：实时交互应用、非实时交互应用和实时非交互应用。

7.2.1　实时交互应用

网络多媒体技术能够同时实现实时性和交互性。应用领域如 IP 电话、实时视频会议和远程医疗等都属于网络多媒体技术的实时交互方面的应用。

1．IP 电话

IP 电话，如图 7-1 所示，又名宽带电话或网络电话，它通过互联网或其他使用 IP 技术的网络，来实现电话通信。就像人们利用传统的线路相互通话一样，可近距离通话，也可长途通话。

图 7-1　IP 电话

2．实时视频会议

实时视频会议，如图 7-2 所示，是通过传输线路及多媒体设备，将声音、影像及文件资料互传，实现即时且互动的沟通，以实现会议目的。视频会议的使用有点像电话，除了能看到与你通话的人并进行语言交流外，还能看到他们的表情和动作，使处于不同地方的人就像在同一房间内沟通一样。

图 7-2　实时视频会议

3．远程医疗

远程医疗，如图 7-3 所示，通过计算机及网络技术，充分发挥大医院或专科医疗中心的医疗技术和医疗设备优势，对医疗条件较差的边远地区、海岛或舰船上的伤病员进行远距离诊断、治疗和咨询。是旨在提高诊断与医疗水平、降低医疗开支、满足广大人民群众保健需求的一项医疗服务。

图 7-3　实时远程医疗

7.2.2　非实时交互应用

声音点播、视频点播和交互式多媒体游戏等，属于网络多媒体非实时交互功能方面的应用。

1．声音点播

声音点播，如图 7-4 所示，顾名思义，大都应用于同音乐相关的点播服务。声音点播服务给用户提供了海量的资源，用户可以根据各自的爱好，点播自己喜欢的音乐。

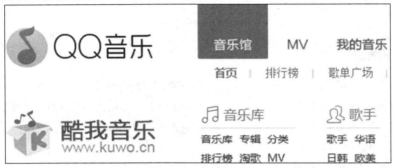

图 7-4　声音点播

2．视频点播

视频点播，如图 7-5 所示，是 20 世纪 90 年代在国外发展起来的，英文简称 VOD。就是根据用户的要求播放节目的视频点播系统，把用户所选择的或者点击的视频内容，传输给所请求的用户。

图 7-5　视频点播

3．交互式多媒体游戏

交互式多媒体游戏，如图 7-6 所示，如体感游戏，让用户用身体去感受的电子游戏，突破了以往单纯以手柄按键输入的操作方式。

图 7-6　交互式多媒体游戏

7.2.3　实时非交互应用

网络多媒体应用中的一些领域对实时性要求较高，对交互性没有要求，如网络收音机和网络电视等属于实时非交互应用。

1．网络收音机

网络收音机，如图 7-7 所示，一种是运行在电脑或移动智能设备上的软件，可以收听到网络上的各种网络电台；另一种需要硬件 FM 支持，是传统收音机的延伸，可以通过有线或者无线连接到 Internet 网络，收听网络上的网络台。

图 7-7　网络收音机

2．网络电视

网络电视，如图 7-8 所示，它基于宽带高速 IP 网，以网络视频资源为主体，将电视机、个人电脑及手持设备作为显示终端，通过机顶盒或计算机接入宽带网络，实现数字电视、时移电视、互动电视等服务。网络电视的出现给人们带来了一种全新的电视观看方式，它改变了以往被动的电视观看模式，实现了电视以网络为基础按需观看、随看随停的便捷方式。

图 7-8   网络电视

7.3   网络多媒体通信协议

Internet 的核心协议是 TCP/IP 协议，为了推动 Internet 上多媒体的应用，近几年 IETF 提出一些基于 TCP/IP 的多媒体通信协议，对多媒体通信技术的发展产生了重要影响。

网络多媒体相关通信协议有 IPV6 协议、RSVP 协议、RTP 协议、RTCP 协议、RTSP 协议和 MMS 协议。

7.3.1   IPV6 协议

IPV6(Internet Protocol Version 6)是下一代 Internet 的核心协议，是 IETF 为解决 IPV4 协议在地址空间、信息安全和区分服务等方面所显露出来的缺陷以及未来可预测的问题而提出的。IPV6 在 IP 地址空间、路由协议、安全性、移动性以及 QOS 支持等方面做了较大的改进，增强了 IPV4 协议的功能。和 IPV4 相比，IPV6 有如下特点，同时也是优点。

1．简化的报头和灵活的扩展

IPV6 协议对数据报头作了简化，头部长度变为固定，以减少处理器开销并节省网络带宽，加快了路由器处理速度。

2．层次化的地址结构

IPV6 拥有更大的地址空间，地址长度从 32 位增大到 128 位，使地址空间增大了 296 倍。IPV6 支持更多级别的地址层次，可以把 IPV6 的地址空间按照不同的地址前缀来划分，并采用了层次化的地址结构，以利于骨干网络路由器对数据包的快速转发。

IPV6 定义了三种不同的地址类型，分别为单点传送地址(Unicast Address)、多点传送地址(Multicast Address)和任意点传送地址(Anycast Address)。

3．即插即用的联网方式

IPV6 只要计算机连上网便可自动设定地址。它有两个优点：一是最终用户用不着花精力便可进行地址设定；二是可以大大减轻网络管理者的负担。

4．网络层的认证和加密

为了加强互联网的安全性，IETF(国际互联网工程任务组)研究了一套保护 IP 通信的 IP 安全(IPSec)协议。IPSec 是 IPV4 的一个可选扩展协议，是 IPV6 的一个必需组成部分。IPSec 是一个网络层的协议，它只负责下层的网络安全，并不负责其上层应用的安全，如 Web、电子邮件和文件传输等。IPSec 的一项重要应用，是 IPV6 集成了虚拟专用网(VPN)的功能，使用 IPV6 可以更容易地实现更为安全可靠的虚拟专用网。

5．服务质量的满足

允许对网络资源的预分配，支持实时视频传输等带宽和时延要求高的应用。如 IP 电话、电视会议等实时应用，对传输延时和延时抖动均有非常严格的要求。

6．对移动通信更好地支持

绝大部分移动电话用户同时也是互联网用户。移动互联网不仅仅是移动接入互联网，还提供了一系列以移动性为核心的多种增值业务。移动 IPV6 的设计汲取了移动 IPv4 的设计经验，并且利用了 IPV6 的许多新特征，提供了比移动 IPV4 更多、更好、更适用的特点。移动 IPV6 成为 IPV6 协议不可分割的一部分。

7.3.2 RSVP 协议

资源预留协议(Resource Reserve Protocol，RSVP)是运行于 Internet 上的资源预订协议，通过建立连接，为特定的媒体收留资源，提供 QOS 服务，从而满足传输高质量的音频、视频信息对多媒体网络的要求。

RSVP 的组成元素有发送者、接收者和主机或路由器。发送者负责让接收者知道数据将要发送，以及需要什么样的 QOS；接收者负责发送一个通知到主机或路由器，这样它们就可以准备接收即将到来的数据；主机或路由器负责留出所有合适的资源。

7.3.3 RTP 协议

实时传输协议(Real-time Transport Protocol，RTP)是互联网上针对多媒体数据流的一种传输协议，在一对一或一对多的传输情况下工作，其目的是提供时间信息和实现流同步。

RTP 的组成包括：①序列号，用来侦测丢失的包；②净负荷标识，描述媒体的编码，可以被更改以适应带宽的改变；③帧指示，标记每一帧的开始与结束；④源标识，标识帧的源；⑤媒体内部同步，使用时间戳来侦测一个码流中不同的时延抖动，并对抖动进行补偿。

7.3.4 RTCP 协议

实时传输控制协议(Real-time Transport Control Protocol，RTCP)是与 RTP 对应的实时传

输控制协议，提供了媒体同步控制、流量控制和拥塞控制等功能。

RTCP 的组成包括：①服务质量(QOS)反馈，包括丢失包的数目、往返时间、抖动，这样源就可以根据这些信息来调整它们的数据率了；②会话控制，使用 RTCP 的 BYE 分组来告知参与者会话的结束；③标识，包括参与者的名字、E-mail 地址及电话号码；④媒体间同步，同步独立传输的音频和视频流。

多媒体网络应用总是把 RTP 和 RTCP 一起使用，如图 7-9 所示。当应用程序开始一个 RTP 会话时将使用两个端口，一个给 RTP，一个给 RTCP，在接收端可以通过不同的端口号把 RTP 信息包和 RTCP 信息包区分开。RTP 和 RTCP 配合使用，能以有效的反馈和最小的开销使传输效率最佳化，因而特别适合传送网上的实时数据。

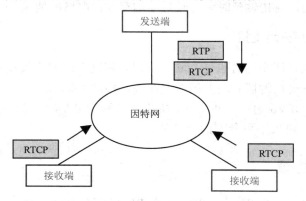

图 7-9   实时传输控制协议(RTCP)

7.3.5   RTSP 协议

实时流协议(RealTime Streaming Protocol，RTSP)是由 RealNetworks 和 Netscape 共同提出的，必须使用 RealNetworks 的 RealServer 流媒体服务器。该协议定义了应用程序如何有效地通过 IP 网络在一对多模式下传送多媒体数据的方法。因此，RTSP 是一个应用级协议，在体系结构上位于 RTP 和 RTCP 之上，通过使用 TCP 或 RTP 完成数据传输。

RTSP 与 RTP/RTCP 的关系如图 7-10 所示。

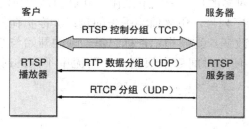

图 7-10   实时流协议(RTSP)

RTSP 建立并控制一个或几个时间同步的连续流媒体,充当多媒体服务器的网络远程控制功能,所建立的 RTSP 连接并没有绑定到传输层连接(如 TCP)。因此,在 RTSP 连接期间,RTSP 用户可打开或关闭多个对服务器的可靠传输连接以发出 RTSP 请求。

类似的应用层传输协议还有 Microsoft 的 MMS。

7.3.6　MMS 协议

MMS 协议(Microsoft Media Server Protocol,Microsoft Media 微软媒体服务器协议)是用来访问并且流式接收 Windows Media 服务器中.asf 文件的一种协议。MMS 协议用于访问 Windows Media 发布点上的单播内容,且是连接 Windows Media 单播服务的默认方法。

若用户在 Windows Media Player 中键入一个 URL 以连接内容,而不是通过超链接访问内容,则它们必须使用 MMS 协议引用该流。

7.4　流媒体技术

随着现代技术的发展,网络带给人们形式多样的信息。形式多样的信息的加入,使 Web 资源变得越来越庞大,访问效率成了阻碍人们进行丰富多彩的互联网应用的主要障碍。"流"概念的提出,彻底改变了因特网上媒体的处理方式。在流媒体技术的支持下,不需要下载整个文件就可以在向播放器传输的过程中一边下载一边播放,使网上点播或实时观看电影、电视成为现实。

7.4.1　流媒体技术概述

流媒体是指在网络上使用流式传输技术的连续媒体,如音频、视频或其他多媒体文件。流媒体在播放前并不下载整个文件,只将开始部分内容存入内存,流式媒体的数据流随时传送随时播放,只是在开始时有一些延迟。

1. 流媒体的特点

与传统媒体形式相比较,流媒体具有以下三个特点。

- 启动延时短:用户不用等待所有内容下载到硬盘上才可以浏览,只需经过几秒或十几秒的启动延时即可进行观看。当流媒体开始在客户端播放时,文件的剩余部分将在后台从服务器内继续下载,播放过程一般不会出现断续的情况。
- 对用户系统存储及缓存容量要求低:流媒体文件数据包远远小于原始文件,并且用户也不需要将全部流式文件下载到硬盘,从而节省了大量的磁盘空间。当然,流式文件也支持在播放前完全下载到硬盘。流媒体文件不需要把所有的文件内容都下载到缓存中,因此对缓存的要求不高。

- 较高的实时性：采用 RTSP 等实时传输协议，使得流媒体更加适合网上的流式实时传输。流媒体文件在实时性方面已经拥有了较多的应用。

2．流媒体文件格式及技术平台

流媒体技术的主要支持平台有 4 个，分别是 RealNetworks 公司的 RealMedia、Microsoft 公司的 Windows Media Technology、Apple 公司的 QuickTime 和 Adobe 公司的 Flash Media Server。在过去的几年中，Adobe Flash Media Server 已经为 Web 绝大部分的视频提供了功能支持。

表 7-1 列举了流媒体的主要文件格式及相关说明。

表 7-1　常见流媒体文件类型及说明

文 件 类 型	文 件 说 明	开 发 者	主流播放工具
WMV	WMV 是在 ASF 基础上升级的一种流媒体格式	Microsoft	Windows Media Player
WMA	音频流媒体文件。其在压缩比和音质方面都超过了 MP3，即使在较低的采样频率下也能产生较好的音质	Microsoft	Windows Media Player
RM/RMVB	包含 RealAudio、RealVideo 和 RealFlash 三部分。可根据网速制定不同的压缩比率，实现在低速互联网上进行视频文件实时传送和播放	RealNetworks	Realplayer
FLV/F4V	随着 Flash MX 的推出发展而来的视频格式。由于它形成的文件极小、加载速度极快，使得网络观看视频文件成为可能	Adobe	Adobe Flash Player
MOV	音频、视频流文件格式。具有较高的压缩比率和较完美的视频清晰度，具有跨平台性	Apple	QuickTime Player
ASF	高级串流格式，是微软公司开发的串流多媒体文件格式。包含音频、视频、图像以及控制命令脚本	Microsoft	Microsoft Media Player

除表 7-1 所列举的文件类型之外，MEPG、AVI、DVI、FLV 等都是适合流媒体技术的文件类型。

3．流媒体系统原理及架构

流媒体系统的工作原理如图 7-11 所示，一个完整的流媒体系统包括以下五部分。

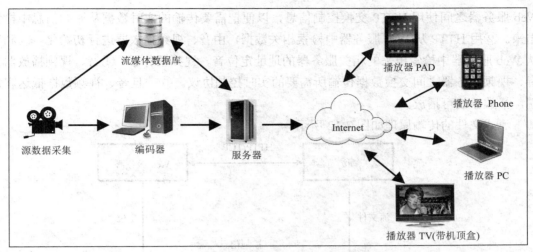

图 7-11　流媒体系统工作原理

- 编码器：将捕捉、创建的媒体源数据进行编辑、压缩编码，形成流媒体格式。编码器可以由带视频、音频硬件接口的计算机和运行其上的制作软件共同完成。编码的方式有实时和非实时两种，实时编码常见于网络直播系统中，非实时编码常见于视频点播等系统中。
- 数据：支持流式传输的特定格式的媒体数据。
- 服务器：存放和控制流媒体的数据。是流媒体系统的核心，其性能直接决定流媒体系统的总体性能。服务器用来存放编码后的流媒体文件，在和用户进行通信时，服务器负责将编码数据封装成数据包发送到网络中。
- 网络：适合多媒体传输协议或实时传输协议的网络。
- 播放器：供客户端浏览流媒体文件的工具，可以嵌入到浏览器中，以播放多种流媒体格式文件。它支持流媒体中的多种媒体形式，如文本、图片、Web 页面、音频和视频等集成表现形式。

4．流媒体的传输

流媒体在网络上实现流式传输有两种方法，即实时流式传输(Real-time Streaming Transport)和顺序流式传输(Progressive Streaming Transport)。

- 实时流式传输：能保证媒体信号带宽和网络连接的匹配，实现实时观看，支持随机访问，用户可快进或后退观看前面或后面的内容。它需要专用的流媒体服务器与传输协议。
- 顺序流式传输：顺序下载，用户可以在下载文件的同时观看已经下载的内容，在给定时刻，用户只能观看已下载的那部分，而不能跳到还未下载的部分。这种传输比较适合高质量的短片段，如片头、片尾和广告。

在流式文件传输的方案中，通常采用 HTTP 协议来传输控制信息，而用相对传输效率更高的 RTP 等协议来传输实时声音、视频数据。具体的传输流程如下。①Web 浏览器与

Web 服务器之间使用 HTTP 交换控制信息，以便把需要传输的实时数据从原始信息中检索出来。②用 HTTP 从 Web 服务器中检索相关数据，由音、视频播放器进行初始化。③利用从 Web 服务器中检索出来的相关服务器的地址定位音、视频服务器。④音、视频播放器与音、视频服务器之间交换数据传输所需要的实时控制协议。⑤一旦音、视频数据抵达客户端，播放器就可播放。

流式文件的传输原理如图 7-12 所示。

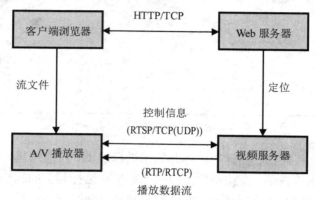

图 7-12　流式文件的传输原理

5. 流媒体播放方式

应用于互联网上的流媒体播放方式主要有点播(Unicast)、广播(Broadcast)、单播(Singlecast)、组播(Multicast)等四种技术。

- 点播：点播连接是客户端与服务器之间的主动连接。在点播连接中，用户通过选择内容来初始化客户端连接，可以最大限度地实现对流的控制。采用点播方式时，每个用户连接服务器的行为均是独立的，对网络带宽的占用较为严重。
- 单播：指点到点之间的多媒体通信，发送终端通过与每一个组内成员分别建立点到点的通信联系，来达到多点通信的目的，如图 7-13 所示。

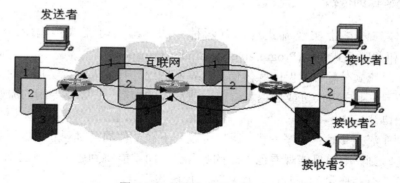

图 7-13　单播方式示意图

- 广播：指网上一点向网上所有其他点传送信息，可用于数字电视广播等分配型多媒体业务，如图 7-14 所示。

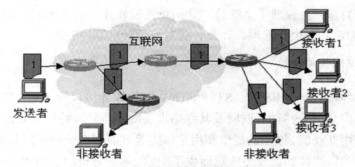

图 7-14　广播方式示意图

- 组播：也称为多点通信，指网络能够按照发送端的要求将要传送的信息在适当的结点复制，并送给组内成员，达到多点通信的目的，如图 7-15 所示。

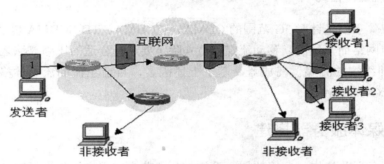

图 7-15　组播方式示意图

7.4.2　移动流媒体

移动流媒体技术是流媒体技术的一个重要分支及发展方向。移动流媒体技术就是把连续的影像或声音信息经过压缩处理后放在网络服务器上，让移动终端用户能够一边下载一边观看、收听，而不需要等到整个多媒体文件下载完成就可以即时观看的技术。

1. 移动流媒体系统组成

移动流媒体技术融合了数据采集、压缩、存储以及网络通信等多项技术。移动流媒体业务系统主要由以下几个部分构成。

- 移动流媒体门户网站：主要用来实现用户认证和为用户提供个性化的内容发现、搜索功能。
- 移动终端：如智能手机、平板电脑等，可以通过移动终端上的流媒体播放器观看相关流媒体信息。
- 传送网：负责完成流媒体服务所有信息的传输，既包括控制命令信息，也包括数据内容信息。传送网部分一般包括空中接口、无线接入网、IP 分组核心网、Internet 等。

● 后台流媒体业务系统：包括流媒体内容创建子系统、流媒体播放子系统(包括流媒体服务器)和后台管理子系统等，分别负责流媒体内容的编码、创建和生成、媒体流的传输，具有用户管理、计费、业务综合管理等功能。

2．移动流媒体传输协议

常用的流媒体协议，如 RSVP、RTSP/RTP 实时流媒体协议等，都可以平移到移动流媒体中继续应用。但是由于移动互联网及其终端设备的一些独有特性，传统流媒体协议在移动互联网中的应用在功能、性能的提供和用户体验等方面都会受到不同程度的约束和限制，于是一些适应移动流媒体的协议便应运而生了。例如苹果公司的 HTTPLive Streaming(HLS)协议，已经在 iPhone、iPad、iTouch 等移动设备以及 QuickTime 播放器中得到了广泛的应用。

3．移动流媒体格式

移动流媒体主要是针对 3G 范围的 CDMA、WCDMA、TD-SCDMA 以及 4G 等带宽较高的无线分组网络而开展的。移动流媒体格式除了要选择合适的压缩算法之外，还要考虑使用不同移动终端的流媒体播放器。基于上述因素，目前主流的流媒体格式有 3GPP、3GPP2、MPEG-4、RM 等。

7.4.3　流媒体服务器搭建

流媒体服务器是流媒体应用的核心系统，是运营商向用户提供视频服务的关键平台。其主要功能是对媒体内容进行采集、缓存、调度和传输播放，流媒体应用系统的主要性能体现都取决于媒体服务器的性能和服务质量。因此，流媒体服务器是流媒体应用系统的基础，也是最主要的组成部分。

实例 1　搭建 Windows Media Server 流媒体服务器

Windows Media Server 是微软免费提供的一个流媒体服务器软件，在 Windows 2003 光盘中可以找到，在装 Windows 2003 时可以选择这个服务。如果装 Windows 2003 系统时，用户没有选择添加这个服务，也可以在"添加删除程序"里选择添加这个服务。

 跟我学

> **添加 Windows Media Servers 服务**
>
> 系统默认没有添加 Windows Media Servers 服务，使用前必须添加 Windows Media Servers 组件。

1. **打开组件向导**　选择"我的电脑"→"控制面板"→"添加/删除程序"命令，选择"添加/删除 Windows 组件"选项。按图 7-16 所示操作，打开组件向导。

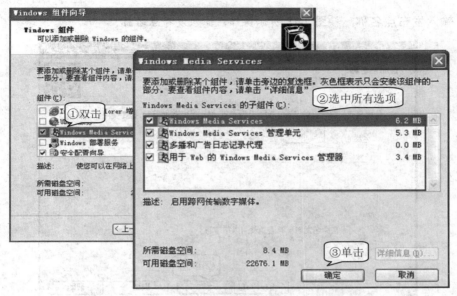

图 7-16　打开组件向导

2．**安装组件**　根据提示插入系统光盘，找到安装所需的文件，安装组件。

发布 MMS 协议流媒体文件

　　添加 Windows Media Servers 服务后，可以用"mms://地址/文件名"的方式来访问 asf、wmv 等格式文件。

1．**启动服务**　单击"开始"按钮，选择"所有程序"→"管理工具"→"Windows Media Servers"命令，启动 Windows Media Server 服务。
2．**添加发布点**　打开 Windows Media Server 窗口，按图 7-17 所示操作，添加发布点(向导)。

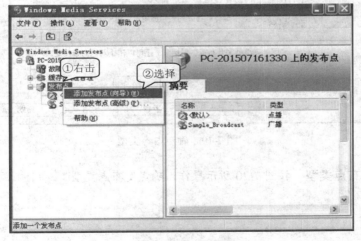

图 7-17　添加发布点

3. **输入发布点名称** 按图 7-18 所示操作，输入发布点名称。

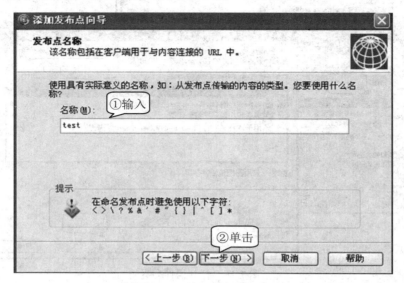

图 7-18 输入发布点名称

4. **确定内容类型** 按图 7-19 所示操作，确定内容类型。

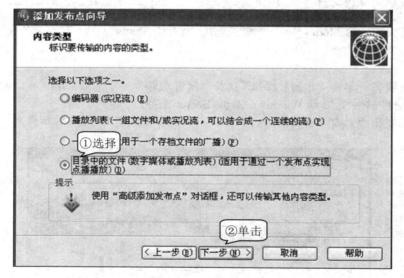

图 7-19 确定内容类型

5. **确定发布点类型** 按图 7-20 所示操作，确定发布点类型。

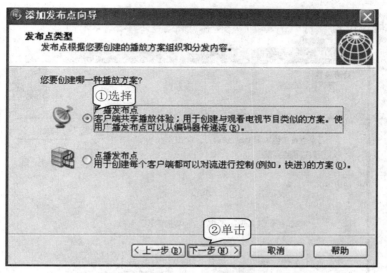

图 7-20　确定发布点类型

> 使用点播发布点：当客户端连接到该发布点时，将从头开始播放内容，用户可以暂停、快进、倒回、跳过或停止。
> 使用广播发布点：用户有看电视节目的类似体验。用户可以启动和停止流，但不会停止服务器的广播，也不能暂停、快进、倒回或跳过。

6．确定发布点传递选项　如图 7-21 所示操作，确定发布点的传递选项。

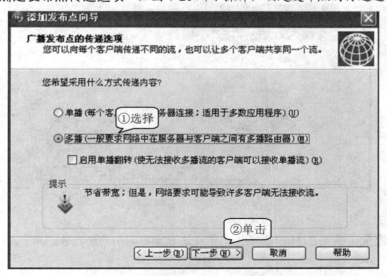

图 7-21　确定发布点的传递选项

7. **确定目录位置**　按图 7-22 所示操作，确定目录位置。

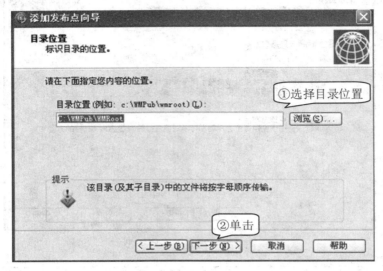

图 7-22　确定目录位置

8. **确定内容播放形式**　按图 7-23 所示操作，确定内容播放形式。

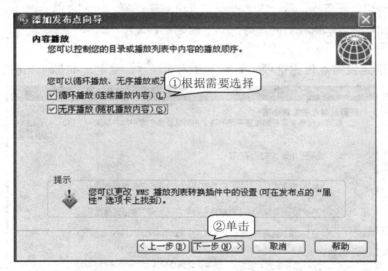

图 7-23　确定内容播放形式

9. **完成添加**　按图 7-24 所示操作，完成添加发布点向导的操作。

图 7-24 完成添加发布点向导

10. 指定要创建的文件 按图 7-25 所示操作，进入"多播公告向导"界面，指定要创建的文件。

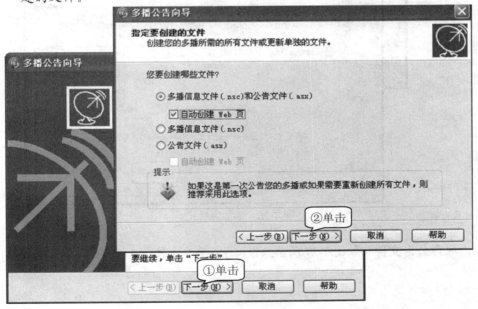

图 7-25 指定要创建的文件

11. **添加流格式**　按图 7-26 所示操作，添加流格式。

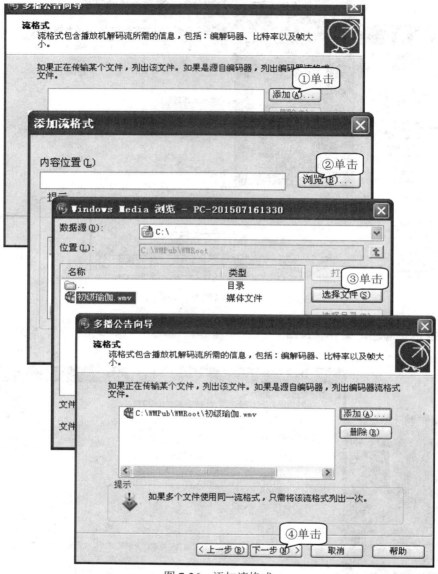

图 7-26　添加流格式

12. **保存公告文件**　按图 7-27 所示操作，保存公告文件。

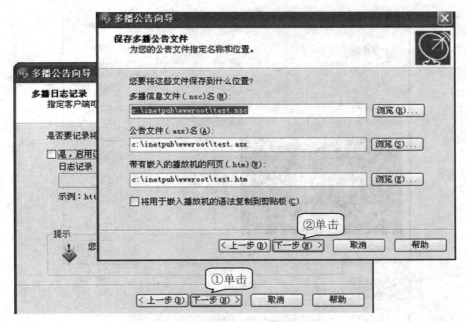

图 7-27　保存公告文件

13. **指定 URL**　按图 7-28 所示操作，指定 URL。

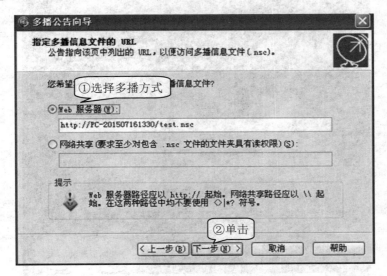

图 7-28　指定 URL

14. **完成并测试**　完成后的测试效果如图 7-29 所示。

图 7-29　运行效果

实例 2　搭建 Flash Media Server 流媒体服务器

现在 Web 的绝大部分的视频功能支持都由 Adobe Flash Media Server 提供，并且它是目前用户能在 Web 中体验到一些最受人瞩目的和质量最好内容的焦点。Adobe 传统的流媒体协议 RTMP(实时消息协议)已经服务和保护了数百万小时的视频，并且利用 Web 网站中一些有史以来最盛大的活动为更多的观看者提供了新的在线体验。

 跟我学

安装软件

　　搭建 Flash Media Server 流媒体服务器前，要先下载 Flash Media Server 软件，安装软件。测试好服务器就可以使用流媒体服务器了。

1. **安装程序**　下载 Flash Media Server 软件，按步骤提示安装好软件。

2. **测试服务器**　单击"开始"按钮，选择 Adobe→Flash Media Server→Flash Media Server Start Screen 命令，运行效果如图 7-30 所示。

图 7-30　服务器正常运行效果

3. **打开管理平台**　单击"开始"按钮，选择 Adobe→Flash Media Server→Adobe Flash Media Administration Console 命令，按图 7-31 所示操作，登录服务器(登录后如图 7-31 所示是绿灯，表示服务器正常运行)。

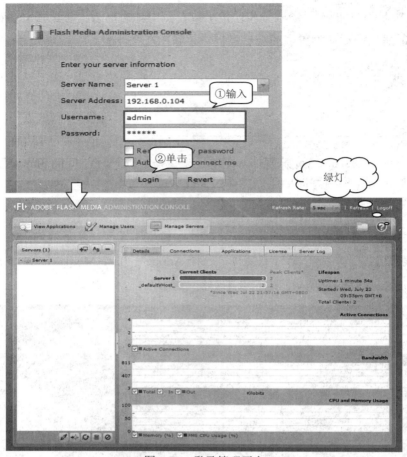

图 7-31　登录管理平台

HTML 网页嵌入 RTSP 协议流媒体

搭建 Flash Media Server 流媒体服务器后，可以利用 Flash Media Server 流媒体服务器开发更多应用。

1. **新建网页**　打开 FrontPage 或 DreamWeaver 软件，新建 test.html 文档并打开。
2. **复制代码**　按图 7-32 所示操作，复制代码。

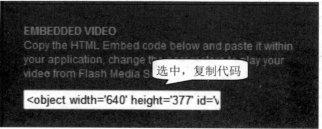

图 7-32　复制代码

3. 插入代码　按图 7-33 所示操作，在<body></body>中插入代码。

图 7-33　插入代码

4. 运行效果　打开 test.html 文件，流媒体视频播放效果如图 7-34 所示。

图 7-34　流媒体视频播放效果

实例 3　搭建 Helix Server 流媒体服务器

Helix Server 是流媒体服务器，是 RealNetworks 公司开发的功能强大的流媒体服务器产品，该产品不仅支持自身的".rm"等媒体格式，还广泛支持包括 Microsoft 的".wmv"、Adobe 公司的".swf"等多种常用媒体格式，是公认的优秀的媒体软件。

跟我学

安装 Helix Server 软件

> Helix 服务器软件是一个商业软件，使用时需要付费。RealNetworks 公司提供了这个软件的试用评估版，可以从公司的网站下载。

1. **下载并安装软件** 下载 Helix Server 软件，双击启动安装程序。
2. **导入授权文件** 按图 7-35 所示操作，导入授权文件，单击 Next 按钮，选择安装路径。

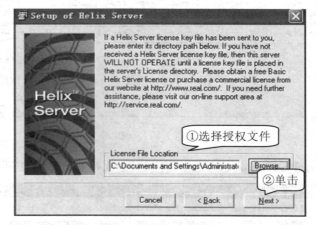

图 7-35 导入授权文件

3. **设置管理员账号、密码** 按图 7-36 所示，根据需要设置 Helix Server 流媒体服务器的管理员账号和密码。

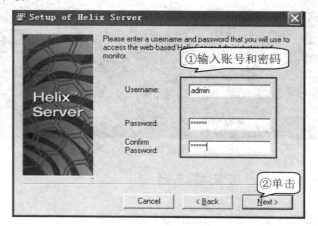

图 7-36 输入管理员账号、密码

4. **设置各协议端口** 按图 7-37 所示操作，依次设置 RTSP 协议、HTTP 协议、MMS 协议端口。设置各端口后，以后可以更改，直接默认即可。

图 7-37　设置协议端口

5. **设置后台管理端口**　设置管理后台的登录窗口，默认为 80 端口，单击 Next 按钮。

> 默认采用 80 端口，如果计算机通过 IIS 开启了 Web 服务则有可能导致日后配置的麻烦，将端口更改为 8080 或者是其他没有使用的端口。

6. **完成安装**　选择需要安装的服务后，单击 Finish 按钮，完成安装。

配置服务器

安装好 Helix Serve 软件后，要启动服务器，登录服务器后，进行相应的设置。设置好参数后，要重启流媒体服务器，才可以正常运行。

1. **启动服务**　双击 Helix Server 快捷方式，启动 Helix Server 服务器，状态如图 7-38 所示。

图 7-38　启动服务运行状态

2. **登录管理后台**　双击 Helix Server 管理员快捷方式，连接 Helix Server 管理后台，登录界面如图 7-39 所示，输入设定的管理员账号和密码，登录。

图 7-39　登录管理后台

　　连接 Helix Server 管理后台，出现如图 7-39 所示的验证窗口，说明服务器启动成功了；如没有，则说明 Helix Server 服务器没有启动成功。

3. **服务器端口设置**　按图 7-40 所示操作，设置服务器各协议端口及管理端口。

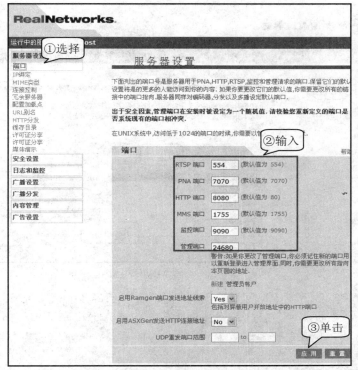

图 7-40　设置服务器端口

4. 服务器设置——IP 绑定　按图 7-41 所示操作，进行 IP 绑定。此功能是针对多网卡设立的，如果只有一个网卡，直接填写网卡 IP 即可，或者不填也没有问题。

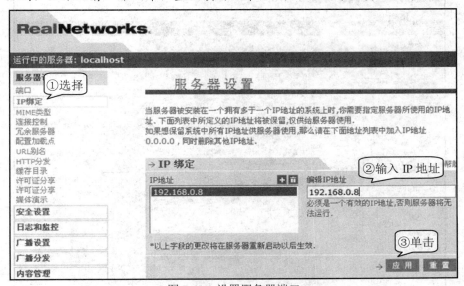

图 7-41　设置服务器端口

5. 服务器设置——MIME 类型　按图 7-42 所示操作，设置 MIME 类型。

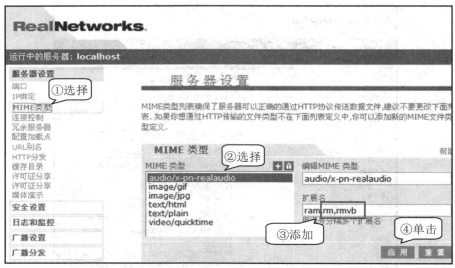

图 7-42　设置 MIME 类型

　　这里设置的是每个协议支持的文件类型。如 AUDIO 设置，默认只有 ram 格式，现在电影多数是 RM 或 RMVB 格式，所以把这两个格式添加上。

6.　**服务器设置—连接控制**　按图 7-43 所示操作，设置流媒体服务器的最大连接数。

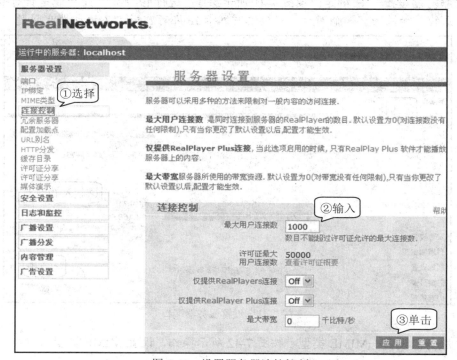

图 7-43　设置服务器连接控制

7. **服务器设置—加载点**　按图 7-44 所示操作，设置加载点。

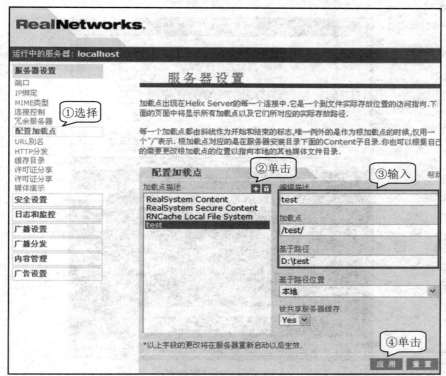

图 7-44　设置加载点

> 　　加载点描述：标示，是给管理员看的，并无实际意义，比如电影，可以写 "film"，也可以写 "电影"。只是标示，无特使含义。
> 　　加载点：相当于 IIS 里的虚拟目录名。比如访问一个网站后台，会看到这样的地址 http://127.0.0.1/admin/login.asp，加载点的功能就类似于 /admin/。
> 　　基于路径：加载点对应的实际文件路径。

8. **重启服务器**　按图 7-45 所示，单击 "重启服务器" 按钮，重启 Helix Server 流媒体服务器。

图 7-45　重启流媒体服务器

9. **测试服务器**　复制视频 "金陵十三钗.rmvb" 到安装目录：C:\Program Files\Real\Helix

Server\Content，选择"开始"→"运行"命令，按图 7-46 所示操作，测试流媒体服务器。

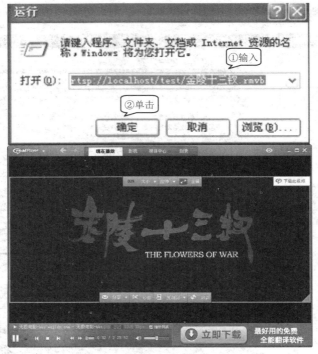

图 7-46　测试服务器

HTML 网页嵌入 RTSP 协议流媒体

搭建 Helix Server 流媒体服务器后，可以利用 Helix Server 流媒体服务器开发更多应用。

1. **新建网页**　打开 FrontPage 或 DreamWeaver 软件，新建 test.html 文档，打开文档。
2. **插入代码**　如图 7-47 所示，在<body> </body>中插入以下代码。

```
<table>
<tr>
<td>
    <object id="player" name="player"
        classid="clsid:CFCDAA03-8BE4-11cf-B84B-0020AFBBCCFA" width="430"
        height="170">
        <param name="_ExtentX" value="12700">
        <param name="_ExtentY" value="8202">
        <param name="AUTOSTART" value="-1">
        <param name="SHUFFLE" value="0">
        <param name="PREFETCH" value="0">
        <param name="NOLABELS" value="0">
```

```
            <param name="SRC" value="rtsp://localhost/test">
            <param name="CONTROLS" value="Imagewindow">
            <param name="CONSOLE" value="clip1">
            <param name="LOOP" value="0">
            <param name="NUMLOOP" value="0">
            <param name="CENTER" value="0">
            <param name="MAINTAINASPECT" value="0">
            <param name="BACKGROUNDCOLOR" value="#000000">
        </object>

        <table border="0" cellpadding="0" cellspacing="0" id="table2">
            <tr>
            <td colspan="2">
            <object ID="RP2"
CLASSID="clsid:CFCDAA03-8BE4-11cf-B84B-0020AFBBCCFA" WIDTH="430" HEIGHT="40">
                <param name="_ExtentX" value="10583">
                <param name="_ExtentY" value="1588">
                <param name="AUTOSTART" value="-1">
                <param name="SHUFFLE" value="0">
                <param name="PREFETCH" value="0">
                <param name="NOLABELS" value="0">
                <param name="SRC" value="rtsp://localhost/test/金陵十三钗.rmvb">
                <param name="CONTROLS" value="ControlPanel,StatusBar">
                <param name="CONSOLE" value="clip1">
                <param name="LOOP" value="0">
                <param name="NUMLOOP" value="0">
                <param name="CENTER" value="0">
                <param name="MAINTAINASPECT" value="0">
                <param name="BACKGROUNDCOLOR" value="#000000">
            </object>
            </td>
            </tr>
        </table>
        </td>
    </tr>
</table>
```

图 7-47　插入代码

"rtsp://localhost/test/ "为加载点，"rtsp://localhost/test/金陵十三钗.rmvb"
为测试地址，用户根据服务器实际设置更改。

3. 测试效果　双击 test.html 文件，在浏览器中流媒体视频播放效果如图 7-48 所示。

图 7-48　流媒体视频播放效果

第8章

多媒体集成与创作

　　制作一个完整的多媒体作品，是一个非常复杂的"工程"，从作品的选题到完成作品的制作，需要经历一个完整的设计过程。一般情况下，作品的开发流程都要经过前期设计阶段、素材采集阶段、作品制作阶段和作品发布阶段。如果多媒体作品比较简单，可以由一个或几个人完成；但如果是一个复杂的作品，则需要多人进行分工，大家通力合作，共同完成。

　　本章将在掌握前面章节所介绍的基本技能的基础上，重点介绍作品的分析规划以及作品的集成过程。

本章内容：
- 作品集成设计
- 创建作品文件
- 添加作品素材
- 设置作品动画
- 增强作品交互

8.1 作品集成设计

作品在动手制作之前的一个重要过程，就是设计阶段，作品的最终效果取决于设计的好坏。万丈高楼平地起，就像盖大楼一样，需要我们的设计师从结构到每个细节都设计到位，这样在建造时就不会走弯路，最终达到满意的效果。制作作品也一样，需要有设计师对作品进行准备，包括前期的需要分析、规划设计和脚本编写等项目，结构如图 8-1 所示。

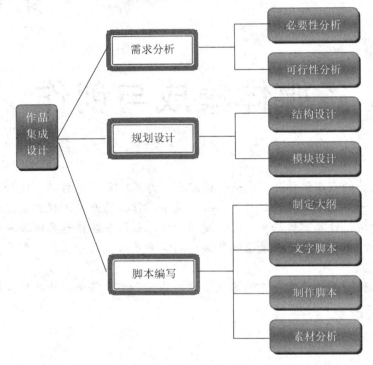

图 8-1　作品制作过程

8.1.1 需求分析

需求分析是指分析多媒体作品的必要性和可行性。必要性是指作品开发的目的，需要考虑作品所面对的是哪些人群、作品的创意是否有价值。可行性是指如何去完成作品，需要考虑作品在硬件上能否满足、需要哪些辅助设备、对软件环境有哪些要求等，也就是说在技术上能不能实现。

1. 必要性分析

必要性分析是指通过收集并分析信息或资料，以确定是否有必要去制作一个作品。这里的分析，一般包括社会需求、用户情况和作品效益等几个方面。必要性分析方法主要有以下几种情况，如图 8-2 所示。

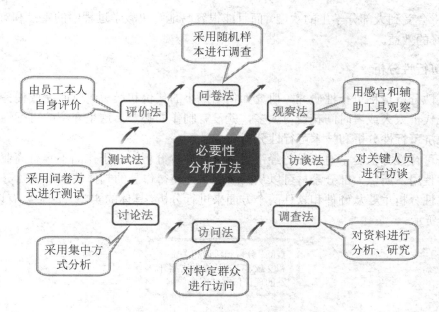

图 8-2　必要性分析方法

- 社会需求：指当前社会对此类作品的需求程度如何，国内外有没有同类作品，其水平质量如何。
- 用户情况：指作品主要面向哪些用户，用户的计算机应该如何，作品一般在什么场合下使用。
- 作品效益：指该作品的社会效益及经济效益如何，需要花费的时间、资金，及所提供信息的使用价值如何。

实例 1　"吆喝"作品的必要性分析

《吆喝》选自人教版初中语文八年级教材内容，体裁是散文。作者萧乾用缓缓的语调追忆了老北京城街头商贩的吆喝声，流露出美好的回忆和怀念之情，文章语言平易又不乏生动幽默，蕴含着浓郁的生活情趣。这篇作品教师在上课的过程中有没有必要制作一个多媒体作品，成为动手制作之前的一个重要过程。

- 首先是社会需求。很多学生没有去过北京，更别说亲自去体会老北京的吆喝声了；就是去过北京，随着时间的推移，那种原汁原味的北京吆喝声也很少见了。利用多媒体作品，将历史再逼真地呈现，可以起到很好的社会效益，也会有非常大的社会需求。
- 其次是用户情况。作品所面向的用户是教师和学生。现代信息社会的教师和学生，大部分都掌握计算机的操作，包括文字处理、简单的图像编辑、网上信息浏览等，了解多媒体作品制作的基本思想，并能进行一些多媒体作品的设计和创作。
- 最后是作品效益。完成这一个多媒体需要花费的时间取决于制作人对多媒体制作的熟练程度，如果利用课余时间制作一般需要两到三天时间。但所创作的多媒体作品将会受到大部分学生的欢迎，而且能很容易地解决教学过程中的重点和难点，有较好的效益。

2. 可行性分析

可行性分析也称可行性研究，研究如何用最小的代价和最短的时间完成任务。如果任务的完成代价太大或者时间花费得太多，就没有制作的必要。这里介绍的可行性分析，主要分为经济可行性分析和技术可行性分析。

经济可行性分析是指对作品的经济效益进行评价分析，由于作品不具有商业性质，只用来教学使用，所以大部分素材可以从网络获取，使得作品的制作基本不需要资金。

技术性分析主要从硬件和软件两个方面来进行分析，具体的实施方法主要有以下几种，如图 8-3 所示。

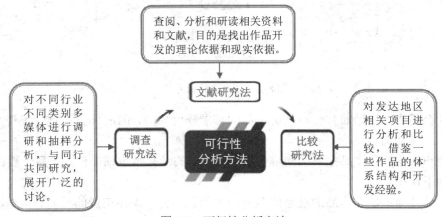

图 8-3　可行性分析方法

实例2　"吆喝"作品的可行性分析

可行性分析是研究作品能不能做成功，难度到底有多大。针对"吆喝"作品，可以进行如下的可行性分析。

- 首先是经济可行性。作品用来教学，素材可以从网络上获取，学校都有计算机等设备，也不需要额外花费，所以从经济上来说，做一个多媒体作品完全没有问题。
- 其次是技术可行性。作品涉及一些硬件和软件，在硬件方面，需要掌握计算机的基本操作，有数码相机和录音机的简单硬件；在软件方面，需要开发人员能够对图片进行简单的处理，以及多媒体作品集成软件的正常使用。做出来的作品毕竟不是比赛，也不是面向市场销售，只是辅助我们的教学，所以作品也不需要有多高的技术含量，只要有一点这方面技能的教师都可以很容易地完成。

8.1.2　规划设计

多媒体作品的规划设计，主要是指对作品进行整体构思，通常包括作品结构的设计和各个模块的设计。

1．结构设计

整体作品的设计主要是设计作品的组成和流程等内容，还要确定多媒体作品中各部分的组成方式以及各种素材之间的连接方式，从而形成一个有机整体，具体结构如图 8-4 所示。

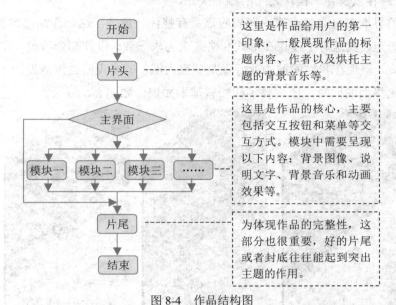

图 8-4　作品结构图

从结构图中可以看出，主界面中包含跳转到各个模块的按钮，并且各个模块之间可以随意跳转，这样才能体现多媒体作品的交互性。

实例 3　"吆喝"作品的结构设计

在制作作品结构图之前，需要先写好教学设计，然后再根据课文内容和教学设计，绘制合适的结构图，如图 8-5 所示。

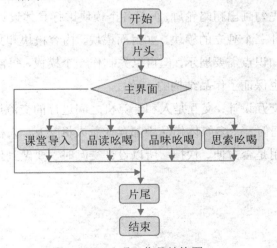

图 8-5　"吆喝"作品结构图

2. 模块设计

有了作品的总体结构，还需要对模块的界面布局、各个模块的结构进行设计，并确定好每个模块的内容以及各个模块之间的相互关系。

- 模块的界面布局：各个模块布局应该具有整体一致性，这是作品遵循的一项原则。具体一点，就是每个模块在形式和格式上力求一致。设计初始阶段，作品什么内容也没有，呈现在我们面前的就好像是一张白纸，需要我们去挥洒设计才思。在追求个性化界面的同时，还需要了解一些基本知识，如图 8-6 所示。

图 8-6 布局注意事项

- 每个模块的内容结构：系统结构是一个多媒体作品的主线，而模块是作品的核心。设计时需要先勾画出粗略轮廓，再对各个模块进行具体设计。根据前面的结构设计，一般需要设计三个独立的模块，如封面模块、内容模块和封底模块。在内容模块中虽然有多个知识点需要展示，但可以先制作一个模板，每部分稍微做一些改动就能使用，这样也保证了作品结构的一致性。

- 模块之间的交互设计：交互是人和计算机之间进行的交流过程，是多媒体作品中的重要元素，任何一个多媒体作品中都存在着人机交互。人机交互的设计好坏，将直接影响着使用是否方便、快捷。所以设计交互时，要做到位置确定、风格统一，如图 8-7 所示。

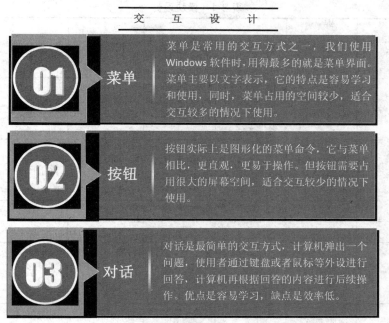

图 8-7　交互设计示意图

实例 4　"吆喝"作品的模块设计

根据作品的结构图，设计四个主要界面，包括片头、主界面、内容界面和片尾。而在主界面中有四个模块，分别是"课堂导入"、"品读吆喝"、"品味吆喝"和"思索吆喝"，如图 8-8 所示。

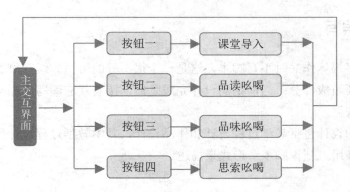

图 8-8　"吆喝"作品模块示意图

各个模块的详细描述如表 8-1 所示。

表 8-1　模块设计

素材＼模块	片头	主界面	课堂导入	品读吆喝	品味吆喝	思索吆喝	片尾
文字	标题文字	模块标题	北京胡同四合院老字号	模块标题	说明文字吆喝词	说明文字	下课文字
图片	背景图片	背景图片吆喝图片	背景图片	胡同图片吆喝图片	背景图片品味文字说明文字	背景图片	背景图片
音频	/	/	/	吆喝声音	/	/	/
视频	/	/	/	吆喝视频	/	/	/
动画	/	/	北京胡同四合院老字号	录音动画	/	/	/
交互	上课按钮	课堂导入品读吆喝品味吆喝思索吆喝下课按钮	课堂导入品读吆喝品味吆喝思索吆喝下课按钮下一页	课堂导入品读吆喝品味吆喝思索吆喝下课按钮下一页	课堂导入品读吆喝品味吆喝思索吆喝下课按钮下一页	课堂导入品读吆喝品味吆喝思索吆喝下课按钮下一页	/

8.1.3　脚本编写

很多人制作多媒体作品时不写脚本，这是一个很不好的习惯。编写脚本是设计和制作多媒体作品的重要组成部分。当前期的设计完成之后，接着就应编写出相应的脚本，作为制作作品的直接依据。

多媒体作品的设计包括教学过程设计和作品设计，其中教学过程设计用"文字脚本"来表达，作品设计用"制作脚本"形式来描述。

1．文字脚本

文字脚本是按教学过程的先后顺序编写的，描述教学过程中每一个环节的呈现方式。脚本卡片是脚本的基本单元，一张张脚本卡片构成了整个作品的脚本设计。一般来说，脚本卡片要能满足下列一些要求：能反应屏幕要展示的内容、能实现屏幕画面的设计、能展示在画面中要用到的那些素材、能有效地表示出课件运行的实际情况等。文字脚本卡片有很多种，一般采用如表 8-2 所示的格式。

表 8-2　文字脚本卡片的一般格式

序　　号	内　　容	媒 体 类 型	呈 现 方 式

- 序号：文字脚本的卡片序列，一般是指教学过程中的先后顺序。
- 内容：某个知识点的内容，也可以是与知识内容相关的一些问题。
- 媒体类型：根据教学内容的设计，展示作品中所要用到的素材。可以根据需要，适当地选择文字、图形、图像、声音、动画和视频等媒体素材。
- 呈现方式：各个素材出现的先后顺序。

实例 5　"吆喝"作品的文字脚本

表 8-3　"吆喝"作品文字脚本

序号	内　　容		媒体类型	呈 现 方 式
1		片头	图片、文字	直接在屏幕上显示出来，单击"上课"按钮，跳转到主界面
2		主界面	图片、文字	幻灯片从下向上切换出来，在屏幕中间和下方分别设置转到相应模块的按钮
3	课堂导入	北京胡同	图片、文字、动画	左边以动画形式展示北京胡同的一些图片，右侧显示胡同的相关说明文字，右下角添加一个跳转到下一页的按钮
4		北京四合院	图片、文字、动画	左侧展示北京四合院图片动画，右侧显示说明文字，右下角添加能跳转到上一页和下一页的按钮
5		北京老字号	图片、文字、动画	左侧展示北京老字号图片动画，右侧显示说明文字，右下角保留一个能跳转到上一页的按钮
6	品读吆喝	北京老字号 (各种吆喝)	图片、文字、声音	以北京胡同为背景，展示各种吆喝图片，并在图片旁边插入相应的吆喝声，当播放时，单击声音图标播放吆喝声音，右下角插入跳转到下一页的按钮
7		北京老字号 (卖冰糖葫芦) (卖西瓜)	图片、文字、视频	左侧显示卖冰糖葫芦的视频，右侧显示卖西瓜的视频，并在视频下方分别添加"播放"、"暂停"和"停止"按钮，用来控制视频的播放，右下角添加能跳转到上一页和下一页的按钮
8		北京老字号 (卖小金鱼) (学一学吆喝声)	图片、文字、视频、动画	左侧显示卖小金鱼的视频，在视频下方添加"播放"、"暂停"和"停止"按钮，用来控制视频的播放；右侧插入一个动画作品，通过该作品，可以录播和播放学生吆喝声；在右下角保留能跳转到上一页的按钮

(续表)

序号	内　容		媒体类型	呈 现 方 式
9	品味吆喝	文字说明	图片、文字	左侧中间显示圆形品味文字图片，图片周围对文章的品味文字，右侧以动画形式呈现出相关说明文，字右下角添加能跳转到下一页的按钮
10		欣赏吆喝词	图片、文字	屏幕两侧显示常见的吆喝词，中间显示吆喝词是卖什么的，右下角添加能跳转到上一页和下一页的按钮
11		体味生活态度(质朴、热情)	图片、文字	屏幕分上下两部分展示小商贩对生活态度的词语和解释，包括“质朴”和“热情”，并在右面展示示例中所吆喝的物品图片，右下角添加能跳转到下一页的按钮
12		体味生活态度(智慧、幽默)	图片、文字	屏幕分上下两部分展示小商贩对生活态度的词语和解释，包括“智慧”和“幽默”，并在右面展示示例中所吆喝的物品图片，右下角添加能跳转到上一页和下一页的按钮
13		理解作者情感	图片、文字	分三列显示作者的情感词语，并在词语上方显示文章示例句子，并以动画形式展示出来，右下角添加能跳转到上一页和下一页的按钮
14		作者心情	图片、文字	屏幕上方显示表达作者心情的语句，下方显示对这些语句的理解，右下角保留跳转到上一页的按钮
15	思索吆喝	文字说明	图片、文字	用 2 个文字框显示萧乾的文章引用，来表达作者对吆喝的思索，在屏幕右下角添加跳转到下一页的按钮
16		文字说明	图片、文字	同上一页
17	片尾		图片、文字	背景图片是显示再见的文字

2．制作脚本

制作脚本需要以文字脚本为基础，然后再进一步优化设计，根据多媒体作品的表现特点来进行构思，由设计人员按照使用作品过程或者作品演示过程的先后顺序，描述作品的知识内容和呈现方式。制作脚本是多媒体作品制作的直接依据。

制作脚本的编写包括作品的屏幕设计、链接关系描述等内容。同样，制作脚本也可以用表格来表示，效果如表 8-4 所示。

表 8-4　制作脚本的一般格式

画面序号：	画面名称：
屏幕设计	

| 进入方式：
　　来自＿＿＿＿＿＿画面，通过＿＿＿＿＿＿按钮
呈现方式：
　　1. 通过＿＿＿＿＿按钮，进入＿＿＿＿＿界面
　　2. 通过＿＿＿＿＿按钮，进入＿＿＿＿＿界面
　　……
　　N. 通过＿＿＿＿＿按钮，进入＿＿＿＿＿界面 | 呈现顺序说明：

解说词： |

实例 6　"吆喝"作品的制作脚本

多媒体作品"吆喝"的部分制作脚本如表 8-5～表 8-9 所示。

表 8-5　"主界面"制作脚本

画面序号：2	画面名称：主界面

| 进入方式：
　　来自＿＿封面＿＿画面，通过＿"上课"＿按钮
呈现方式：
　　1. 通过＿"课堂导入"＿按钮，进入＿"课堂导入"＿界面
　　2. 通过＿"品读吆喝"＿按钮，进入＿"品读吆喝"＿界面
　　3. 通过＿"品味吆喝"＿按钮，进入＿"品味吆喝"＿界面
　　4. 通过＿"思索吆喝"＿按钮，进入＿"思索吆喝"＿界面
　　5. 通过＿＿"下课"＿＿按钮，进入＿＿"片尾"＿＿界面 | 呈现顺序说明：
播放作品时，将鼠标移到按钮处，单击即可进入相应的模块。

解说词：
无 |

表8-6　"课堂导入"脚本

画面序号：3	画面名称：课堂导入

进入方式： 　　来自___主界面___画面，通过___"课堂导入"___按钮 呈现方式： 　1. 屏幕下方导航按钮功能同表8-5 　2. 通过___"播放"___按钮，进入___"下一页"___界面	呈现顺序说明： 左侧胡同动画中，单击小图片，会放大显示。 解说词： 右侧说明性文字作为左侧图片解说。

表8-7　作品"品读吆喝"制作脚本

画面序号：6	画面名称：品读吆喝

进入方式： 　　来自___主界面___画面，通过___"品读吆喝"___按钮 呈现方式： 　1. 屏幕下方导航按钮功能同表8-5 　2. 通过___"播放"___按钮，进入___"下一页"___界面	呈现顺序说明： 单击每张图片上的声音图标，即可播放相应的吆喝声。 解说词： 图片上的云形标注为图片的解说词。

表 8-8　"品味吆喝"制作脚本

画面序号：9	画面名称：品味吆喝

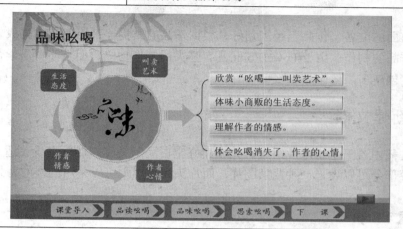

进入方式： 　来自＿＿主界面＿＿画面，通过＿＿"品味吆喝"＿＿按钮 呈现方式： 1. 屏幕下方导航按钮功能同表 8-5 2. 通过＿＿"播放"＿＿按钮，进入＿＿"下一页"＿＿界面	呈现顺序说明： 播放到作品该页面时，会先显示左侧"品味"图片，然后再依次显示右侧说明文字。 解说词：无

表 8-9　"思索吆喝"制作脚本

画面序号：15	画面名称：思索吆喝

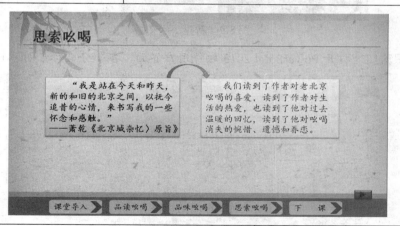

进入方式： 　来自＿＿主界面＿＿画面，通过＿＿"思索吆喝"＿＿按钮 呈现方式： 1. 屏幕下方导航按钮功能同表 8-5 2. 通过＿＿"播放"＿＿按钮，进入＿＿"下一页"＿＿界面	呈现顺序说明： 播放时直接显示画面内容 解说词：无

8.2 创建作品文件

有了前面的准备，作品已经规划好。根据作品的结构，采用适当的集成软件，即可完成多媒体作品的制作。由于 PowerPoint 具有强大的制作功能，而且简单易学，所以本教程选择该软件创建多媒体作品"吆喝"。

8.2.1 新建文档

演示文稿由若干个幻灯片组成，先创建好空白演示文稿，然后再设置适当的背景。幻灯片的内容部分可以设置一种背景图片，而片头和片尾则可以采用同样的背景效果。

 跟我学

1. **新建文稿**　运行 PowerPoint 2013 软件，按图 8-9 所示操作，新建一个空白演示文稿。

图 8-9　新建演示文稿

2. **认识窗口**　打开 PowerPoint 2013 软件用户界面，各部分名称如图 8-10 所示。

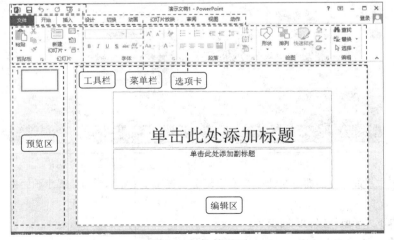

图 8-10　软件界面

3. 设置版式　按图 8-11 所示操作，将幻灯片设置为空白版式。

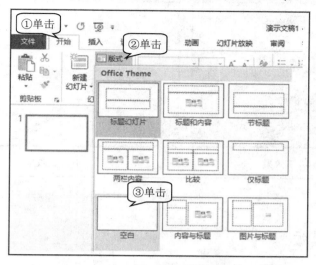

图 8-11　设置幻灯片版式

4. 设置幻灯片大小　按图 8-12 所示操作，将幻灯片尺寸大小设置为 16 : 9。

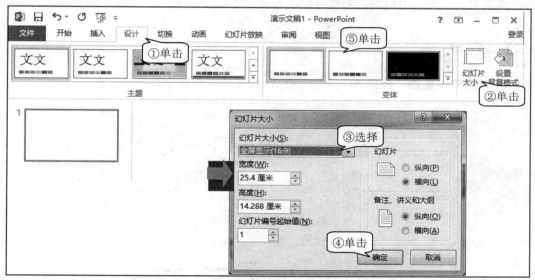

图 8-12　设置幻灯片大小

5. 幻灯片尺寸　幻灯片大小设置之后，显示比例会有所变化，效果如图 8-13 所示。

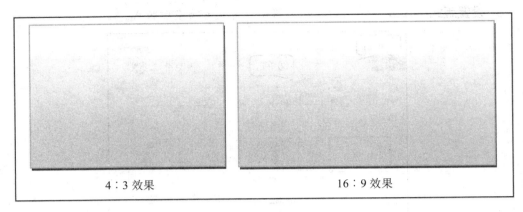

4：3 效果　　　　　　　　　16：9 效果

图 8-13　设置幻灯片大小

8.2.2　创建母版

幻灯片母版用于设置幻灯片的样式，有了母版，我们只需要更改母版中的一项内容，就可更改所有幻灯片的设计。PowerPoint 中有三种母版：幻灯片母版、讲义母版、备注母版。这里只介绍作品中用到的幻灯片母版。

 跟我学

1. **打开母版窗口**　按图 8-14 所示操作，打开"幻灯片母版"设计窗口。

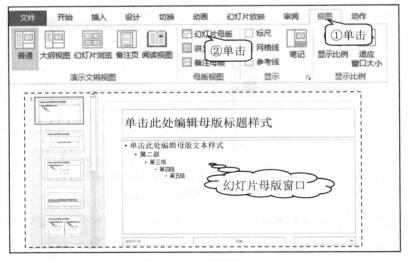

图 8-14　打开母版窗口

2. **修改名称**　按图 8-15 所示操作，修改版式名称为"内容版式"。

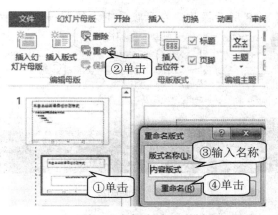

图 8-15　修改版式名称

3. **设置母版版式**　按图 8-16 所示操作，去掉样式中的标题和页脚，并删除编辑窗口中的其他内容。

图 8-16　设置版式

4. **设置母版背景**　在母版中单击鼠标右键，在弹出的快捷菜单中选择"设置背景格式"命令，按图 8-17 所示操作，将图片"内容背景.jpg"设置为封面的背景。

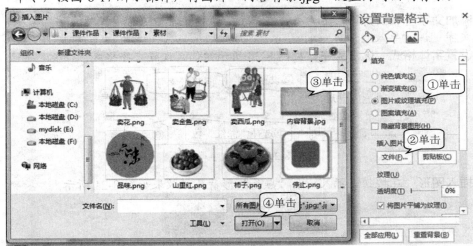

图 8-17　设置背景

5. **绘制按钮**　按图 8-18 所示操作，在母版最下方绘制一个圆角矩形。

图 8-18　绘制图形

6. **修改颜色**　按图 8-19 所示操作，修改圆角矩形的填充颜色和边框颜色。

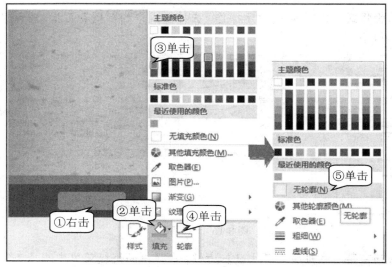

图 8-19　调整颜色

7. **添加文字**　在圆角矩形上右击，在弹出的快捷菜单中选择"编辑文字"命令，输入文字"课堂导入"。

8. **设置字体格式**　选中文字，按图 8-20 所示操作，设置文字格式。

图 8-20　设置文字格式

9. **插入图形**　在按钮上插入一个"燕尾"形箭头，效果如图 8-21 所示。

图 8-21　插入燕尾图形

10. **组合图形**　同时选中圆角矩形和燕尾形箭头，在选中的图形上右击，在弹出的快捷菜单中选择"组合"→"组合"命令，组合图形。

11. **复制按钮**　将"课堂导入"按钮复制四份，并将文字分别修改为"品读吆喝"、"品味吆喝"、"思索吆喝"和"下课"，效果如图 8-22 所示。

图 8-22　按钮效果

12. **制作片头片尾模板**　参照上述方法，制作一个名称为"片头片尾版式"的模板，将背景设置为"封面背景"，模板效果如图 8-23 所示。

图 8-23　片头片尾模板效果

13. **删除版式**　在左侧预览窗口中右击，选择"删除版式"命令，删除所有不用的版式，以简化后面的操作。

14. **关闭母版视图**　按图 8-24 所示操作，关闭母版视图，返回幻灯片编辑界面。

图 8-24　关闭母版视图

8.2.3　创建幻灯片

经过前面对作品的分析，"吆喝"作品分为"片头"、"主界面"、"内容"和"片尾"几个模块，其中核心部分"内容"又分为"课堂导入"、"品读吆喝"、"品味吆喝"和"思索吆喝"几个子模块。子模块内容的结构具有相似性，因此在制作作品之前，只需要创建七个幻灯片即可。

...

跟我学

1. **修改片头模板** 按图 8-25 所示操作，为第一张幻灯片应用"片头片尾版式"。

图 8-25 修改模板

2. **插入内容幻灯片** 按图 8-26 所示操作，插入一个"内容版式"的幻灯片。

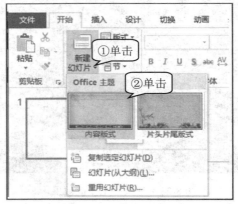

图 8-26 插入内容幻灯片

3. **继续插入内容幻灯片** 再插入 5 个"内容版式"的幻灯片。
4. **插入片尾幻灯片** 按图 8-27 所示操作，插入"片头片尾版式"幻灯片。

图 8-27 插入片尾幻灯片

8.3　添加作品素材

空白幻灯片已经添加完成，在作品素材已经准备好的条件下，将这些素材添加到幻灯片中，完成多媒体作品的制作。

8.3.1　制作作品片头

作品"吆喝"的片头在制作母版时，已经设置了背景图片。在制作时，只需要添加标题信息和作者信息即可。

 跟我学

1. **插入标题图片**　按图 8-28 所示操作，插入标题到幻灯片中。

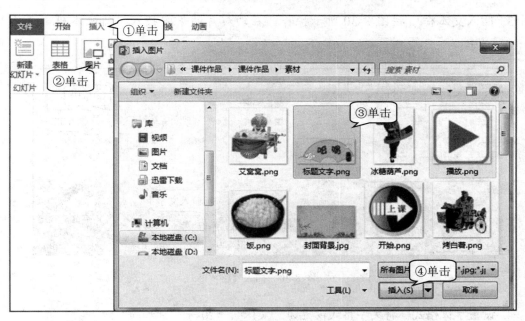

图 8-28　插入标题图片

2. **插入其他图片**　继续在片头幻灯片中插入图片，效果如图 8-29 所示。

图 8-29　插入图片

3. **插入文本框**　按图 8-30 所示操作，在幻灯片的下方插入横排文本框，并输入文字。

图 8-30　插入文字

4. **设置字体格式**　将文字格式设置为"宋体"、"20 号"、"加粗"效果。

5. **设置文字效果**　按图 8-31 所示操作，将文本框中的文字设置为"发光"效果。

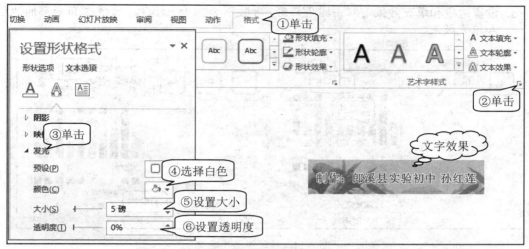

图 8-31 设置文字效果

8.3.2 制作作品主界面

主界面用于呈现作者的教学过程，从中可以看出一节课主要分哪几个主要步骤。将每个步骤制作成按钮放置在演示作品中，单击相应的按钮，即能切换到对应的教学模块。

 跟我学

1. **插入模块文字** 单击选中第 2 张幻灯片，按图 8-32 所示操作，在幻灯片左上角插入文字"教学过程"，并设置字体格式。

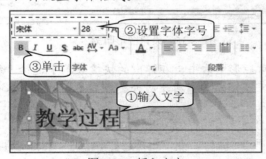

图 8-32 插入文字

2. **插入图形** 按图 8-33 所示操作，在幻灯片中间插入一个圆角矩形。

图 8-33 插入圆角矩形

3. **设置边框和填充效果** 双击圆角矩形，并按图 8-34 所示操作，设置圆角矩形的边框和填充效果。

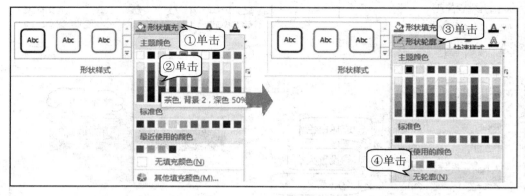

图 8-34 设置图形效果

4. **设置阴影效果** 按图 8-35 所示操作，设置圆角矩形的阴影效果。

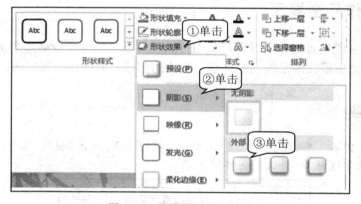

图 8-35 设置图形阴影效果

5. **添加文字** 在圆角矩形中右击，在弹出的快捷菜单中选择"编辑文字"命令，输入数字"1"，设置文字格式为"居中对齐"、"白色"，如图 8-36 所示。

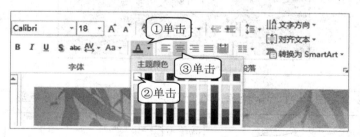

图 8-36 添加文字

6. **插入文字框** 在圆角矩形右侧插入文本框，输入文字"课堂导入"，设置字体格式为"楷体、20 号、加粗、深红色"。

7. **组合对象** 按图 8-37 所示操作，将圆角矩形和文本框组合起来。

图 8-37 组合对象

8. **制作其他按钮** 继续完成"品读吆喝"、"品味吆喝"和"思索吆喝"按钮的制作，效果如图 8-38 所示。

图 8-38 按钮效果

9. **插入图片** 继续在主界面中插入图片，效果如图 8-39 所示。

图 8-39 主界面效果

8.3.3 制作作品内容

内容部分是作品的核心部分，内容部分又分为几个子模块，每个子模块对应一段教学内容。由于作品的界面要保持一致性，因此，在制作过程中，同一模块内容可以采用复制的方式创建幻灯片，然后再修改对应的内容。

 跟我学

"课堂导入"部分由三个幻灯片组成，其中包含 Flash 动画、文本框和动作按钮。Flash 动画主要用于展示课堂导入中所用到的一些图片。

1. **插入文字** 单击选中第 3 张幻灯片，在幻灯片左上角插入文字"课堂导入"和"北京胡同"，效果如图 8-40 所示。

图 8-40　模块小标题文字

2. **打开开发工具** 选择"文件"→"选项"命令，打开"选项"对话框，按图 8-41 所示操作，选择"开发工具"选项。

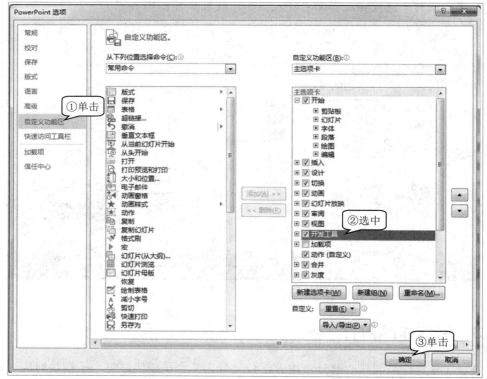

图 8-41　"选项"对话框

3. **添加控件** 按图 8-42 所示操作，在幻灯片左侧添加 Flash 控件。

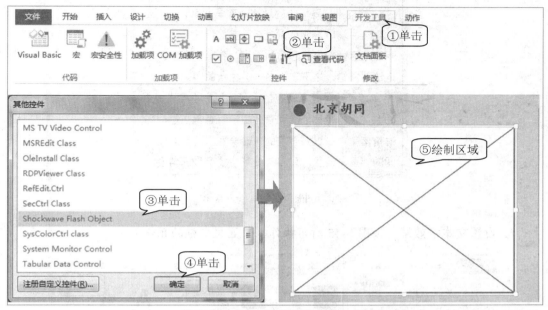

图 8-42 添加 Flash 控件

4. **添加动画** 按图 8-43 所示操作，打开"属性"面板，并输入 Flash 动画的路径和名称。

图 8-43 添加动画

5. **添加文本框** 在幻灯片右侧添加一个文本框，输入一段文字，字体设置为"宋体、14 号"，效果如图 8-44 所示。

胡同不仅是城市的脉搏，更是北京普通老百姓生活的场所。北京人对胡同有着特殊感情，它不仅是百姓们出入家门的通道，更是一座座民俗风情博物馆，烙下了许多社会生活的印记。

胡同这种北京特有的古老的城市小巷已成为北京文化的载体。老北京的生活气息就在这胡同的角落里，在这四合院的一砖一瓦里，在居民之间的邻里之情里。只有身处其中才有最深体会。

图 8-44　文本框文字效果

6. **设置文本框效果**　按图 8-45 所示操作，设置文本框的预设效果。

图 8-45　设置文本框效果

7. **复制幻灯片**　单击演示文稿左侧预览窗口的第 3 张幻灯片，然后分别按键盘上的 Ctrl+C 和 Ctrl+V 组合键，复制幻灯片。

8. **修改幻灯片**　对第 4 张幻灯片上的文字和动画作适当修改，效果如图 8-46 所示。

图 8-46 第 4 张幻灯片效果

9. **继续制作幻灯片** 继续制作第 5 张幻灯片，效果如图 8-47 所示。

图 8-47 第 5 张幻灯片效果

品读吆喝

"品读吆喝"部分由三个幻灯片组成，幻灯片中需要插入一些视频，并且要添加按钮来实现对视频的播放控制。

1. **复制幻灯片** 将第 5 张幻灯片复制一份，删除幻灯片中间的 Flash 动画和文本框，并将左上角文字修改为"品读吆喝"和"北京老字号"，效果如图 8-48 所示。

图 8-48 复制模块标题文字

2. **插入图片**　选择第 6 张幻灯片，在幻灯片中插入图片 "北京胡同.png"。

3. **裁剪图片**　按图 8-49 所示操作，裁剪图片至合适大小。

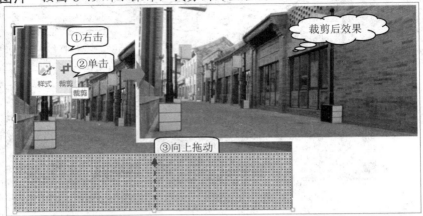

图 8-49　裁剪图片

4. **调整图片颜色**　单击选中图片，并按图 8-50 所示操作，调整图片色温为 "11200"。

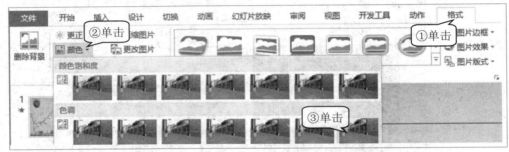

图 8-50　调整图片颜色

5. **调整图片样式**　按图 8-51 所示操作，调整图片样式。

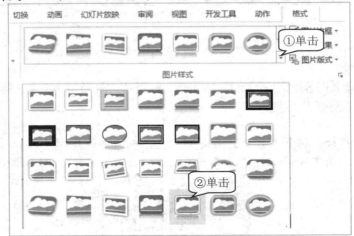

图 8-51　调整图片样式

6. **插入吆喝图片**　插入如图 8-52 所示的吆喝图片和云形标注，并摆放到合适位置。

图 8-52　插入图片

7. **插入声音**　按图 8-53 所示操作，为 "卖艾窝窝" 图片插入配音。

图 8-53　插入声音

8. **继续插入声音**　继续为其他吆喝插入配音，配音文件分别为 "卖花.mp3"、"卖金鱼.mp3"、"卖糖葫芦.mp3"、"卖西瓜.mp3" 和 "卖白薯.mp3"。

9. **复制幻灯片**　将第 7 张幻灯片复制一张，并删除其中的图片、云形标注和声音。

10. **添加文字**　在幻灯片标题下方添加文字 "卖冰糖葫芦"，效果如图 8-54 所示。

图 8-54　添加文字

11. 插入视频　按图 8-55 所示操作，插入视频 "卖冰糖葫芦.wmv"。

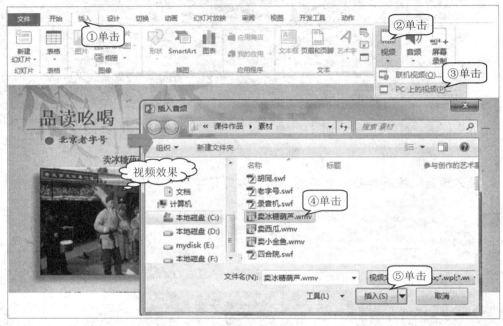

图 8-55　插入视频

12. 插入按钮图片　在视频下方插入三个按钮图片，分别为 "播放.png"、"暂停.png" 和 "停止.png"，效果如图 8-56 所示。

图 8-56　插入按钮

13. **完成"品读老北京"模块** 继续在第 7 张幻灯片上添加"卖西瓜.wmv"视频,并添加控制按钮,完成第 7 张幻灯片的制作。再复制一张幻灯片,并参照光盘作品效果,完成第 8 张幻灯片的制作。

品味吆喝

"品味吆喝"部分从幻灯片的制作角度分析,主要由六张幻灯片组成,每张幻灯片的素材元素包括文本框和图片,结构组成比较简单。

1. **复制幻灯片** 将第 8 张幻灯片复制一份,删除幻灯片除标题外的其他内容,并将标题内容修改为"品味吆喝"。

2. **插入图片** 选择第 9 张幻灯片,在幻灯片左侧插入图片"品味.png"和"箭头.png",并插入自选图形,效果如图 8-57 所示。

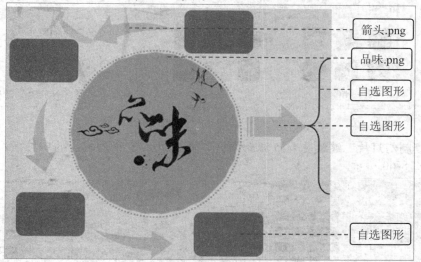

图 8-57 图片效果

3. **添加文字** 在圆角矩形自选图形上单击鼠标右键,在弹出的菜单中选择"编辑文字"命令,并输入文字,效果如图 8-58 所示。

图 8-58 添加文字

4. **添加文本框**　选择"插入"→"文本框"→"横排文本框"命令，在幻灯片右侧添加四个文本框，并按图 8-59 所示操作，设置文本框效果，并输入文字。

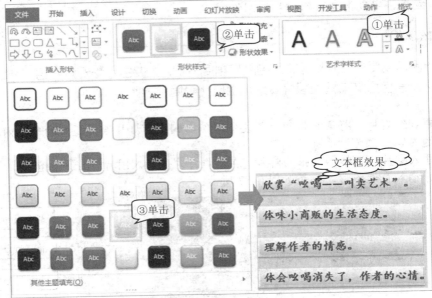

图 8-59　添加文本框

5. **复制幻灯片**　继续复制 5 张幻灯片，并完成该 5 张幻灯片的制作，幻灯片效果如图 8-60 所示。

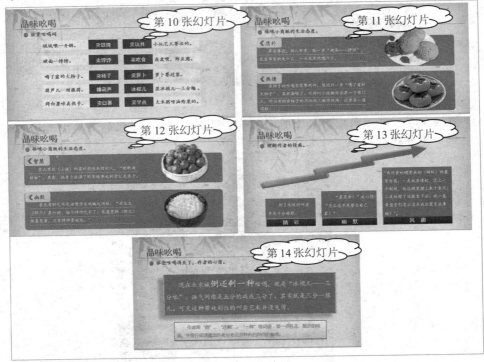

图 8-60　幻灯片效果

6. **制作"思索吆喝"模块**　继续完成"思索吆喝"模块的制作,幻灯片效果如图 8-61 所示。

图 8-61　幻灯片效果

8.3.4　制作作品片尾

为了体现作品的完整性,需要在最后添加一个片尾幻灯片。本作品中,结尾部分没有设置过多的内容,只用艺术字"下课"来表示作品的结束。

　跟我学

1. **插入艺术字**　单击第 17 张片尾幻灯片,按图 8-62 所示操作,在幻灯片中插入艺术字"下课"。

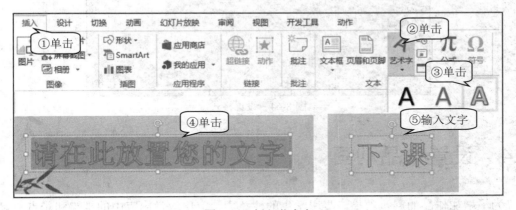

图 8-62　插入艺术字

2. **设置艺术字**　按图 8-63 所示操作,设置艺术字样式。
3. **设置艺术字格式**　设置艺术字的文字格式为"华文新魏"、字号为"66",幻灯片效果如图 8-64 所示。

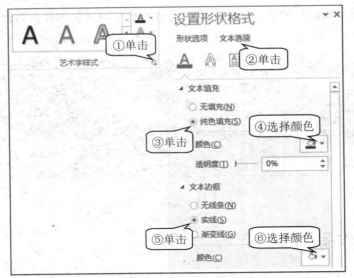

图 8-63　设置样式

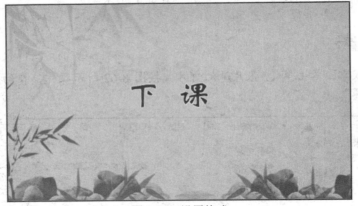

图 8-64　设置格式

8.4　设置作品动画

为了增加作品的展示效果，吸引学生的注意力，突出教学内容中的重点和难点，可以为作品设置一些动画效果。在 PowerPoint 中，动画可以分为两种类型：自定义动画和切换效果。自定义动画是针对幻灯片中的对象而言，比如为幻灯片中的文本框或者图片设置"飞入"的效果。而幻灯片切换效果，则是指整张幻灯片的切入方式。

8.4.1　添加自定义动画

自定义动画是指为幻灯片中的文本或对象设置特殊的视觉或听觉效果，从而增强幻灯片演示的生动性和趣味性。

跟我学

1. **设置"飞入"动画**　单击选中第 2 张幻灯片中的"课堂导入"按钮，按图 8-65 所示操作，设置"课堂导入"的动画效果为"飞入"方式。

图 8-65　设置"飞入"动画

2. **设置"飞入"方向**　单击 ⏱动画窗格按钮，按图 8-66 所示操作，设置动画的飞入方向为"自顶部"。

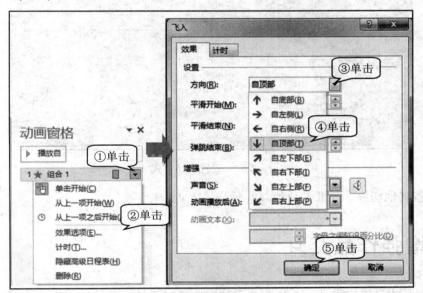

图 8-66　设置"飞入"方向

3. **继续设置动画**　继续设置第 2 张幻灯片中其他三个按钮的自定义动画，动画效果都为"自顶部"的"飞入"方式。

4. **设置其他动画**　为其他幻灯片中的对象设置不同的自定义动画。

8.4.2　设置幻灯片切换

　　幻灯片的切换效果就是在幻灯片的放映过程中，当播放完成一页后，切换到下一页时所用到的效果，就好像制作电影、电视镜头的转换效果一样。这样做可以增加幻灯片放映的活泼性和生动性。

跟我学

1. **设置"推进"切换效果** 单击第 2 张幻灯片，按图 8-67 所示操作，设置幻灯片的切换方式为"推进"。

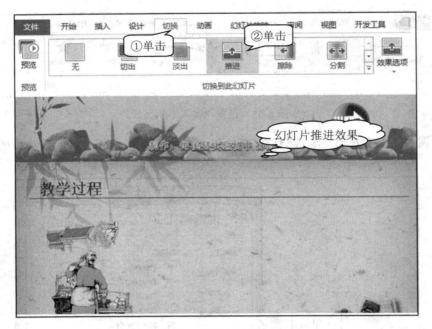

图 8-67 设置切换方式

2. **设置其他切换** 设置其他幻灯片的切换方式。

8.5 增强作品交互

没有交互的多媒体作品，会从头到尾按顺序进行播放，无法控制作品，所以多媒体作品必须要有交互性。在制作过程中，可以为幻灯片中的对象设置"超链接"或者"动作"，这样在使用作品时，就可以按照事先设定好的流程和方向来演示作品，从而达到比较满意的效果。

8.5.1 创建超链接

"超链接"是"超级链接"的简称，它是最常用、最基础的一种人机交互方式，常用在组织多媒体作品的内部结构上，以此来增加作品的交互性。

跟我学

1. **打开"母版"视图**　选择"视图"→"幻灯片母版"命令，打开母版视图。
2. **插入超链接**　按图 8-68 所示操作，为"课堂导入"按钮添加超链接，链接到第 3 张幻灯片。

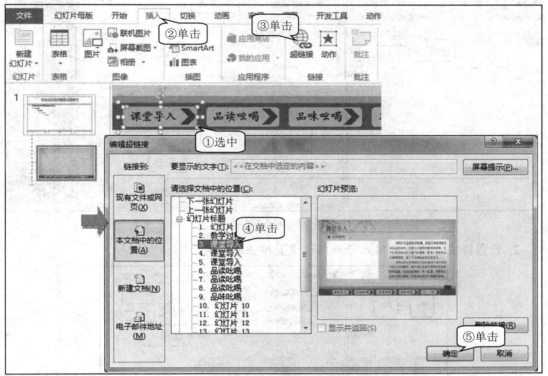

图 8-68　插入超链接

3. **插入其他超链接**　为其他几个按钮创建超链接，分别将"品读吆喝"链接到第 7 张幻灯片，"品味吆喝"链接到第 9 张幻灯片，"思索吆喝"链接到第 15 张幻灯片，"下课"链接到第 17 张幻灯片。
4. **关闭母版视图**　选择"幻灯片母版"→"关闭母版视图"命令，关闭母版视图。

8.5.2　创建动作按钮

动作按钮是 PowerPoint 中一种实现交互的方法。制作时，可以先添加一个按钮，然后再针对按钮创建一个动作，也可以直接通过插入菜单插入"动作按钮"。

 跟我学

1. **插入"上一张"动作按钮**　单击第 3 张幻灯片，按图 8-69 所示操作，插入一个动作按钮，链接到"上一张幻灯片"。

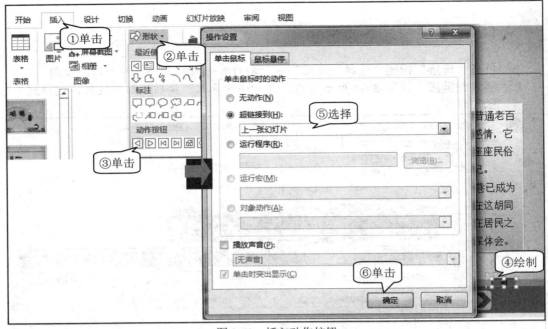

图 8-69　插入动作按钮

2. **设置样式**　按图 8-70 所示操作，设置按钮的样式。

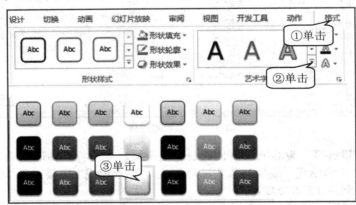

图 8-70　设置按钮样式

3. **插入"下一张"动作按钮**　继续插入一个链接到"下一张幻灯片"的动作按钮，2
   个按钮效果如图 8-71 所示。

图 8-71　按钮效果

4. **复制动作按钮**　将制作的 2 个动作按钮通过复制粘贴的方法，为第 4～16 张幻灯片
   每张复制一份。

8.5.3 设置触发器

触发器是 PowerPoint 中的一项功能，它可以是图片、文字、段落、文本框等，相当于是一个按钮。在作品中设置好触发器功能后，点击触发器会触发一个操作，该操作可以播放音乐、影片、动画等。

 跟我学

1. **添加动画** 单击第 7 张幻灯片，选中幻灯片"卖冰糖葫芦"视频下的"播放"按钮 ▶，按图 8-72 所示操作，为"播放"按钮设置动画。

图 8-72 设置动画

2. **设置触发器** 按图 8-73 所示操作，将"播放"按钮设置为触发器，单击时播放"卖冰糖葫芦.wmv"视频。

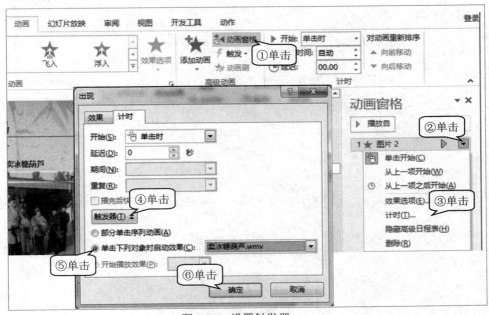

图 8-73 设置触发器

3. **继续制作触发器**　继续设置"暂停"和"停止"按钮的触发器，实现对视频"卖冰糖葫芦.wmv"的播放控制。

4. **制作其他触发器**　先为第 7 张幻灯片中"卖西瓜"视频下的按钮添加触发器，再为第 8 张幻灯片中"卖小金鱼"视频下的按钮添加触发器。